建筑构造与识图

主　编　万春华　李雪莲

副主编　毕俊岭　刘永娟

北京理工大学出版社
BEIJING INSTITUTE OF TECHNOLOGY PRESS

内 容 提 要

　　本书力求突出高等教育的特色，将强化技能训练及实际岗位能力作为重点，采用最新建筑、结构等一系列国家标准规范，内容编排上图文并茂、由浅入深，引导学生在完成任务的过程中实现知识技能的内化。本书设计了"建筑形体表达""建筑构造图识读""建筑施工图识读""结构施工图识读""设备施工图识读"五个项目，包含房屋投影图抄绘，台阶正投影图绘制，基础剖面图、断面图绘制，基础构造图识读，墙体构造图识读等若干个任务。

　　本书可作为高等院校土木工程类相关专业的教材，也可作为土木工程相关工程技术人员的参考用书和培训教材。

图书在版编目（CIP）数据

　　建筑构造与识图 / 万春华，李雪莲主编 .—北京：北京理工大学出版社，2020.7
　　ISBN 978-7-5682-8797-5

　　Ⅰ.①建…　Ⅱ.①万…　②李…　Ⅲ.①建筑构造 ②建筑制图－识图　Ⅳ.① TU204
② TU204.21

　　中国版本图书馆 CIP 数据核字（2020）第 136290 号

出版发行 /	北京理工大学出版社有限责任公司
社　　址 /	北京市海淀区中关村南大街 5 号
邮　　编 /	100081
电　　话 /	（010）68914775（总编室）
	（010）82562903（教材售后服务热线）
	（010）68948351（其他图书服务热线）
网　　址 /	http://www.bitpress.com.cn
经　　销 /	全国各地新华书店
印　　刷 /	北京紫瑞利印刷有限公司
开　　本 /	787 毫米 ×1092 毫米　1/16
印　　张 /	14.5
插　　页 /	16
字　　数 /	382 千字
版　　次 /	2020 年 7 月第 1 版　2020 年 7 月第 1 次印刷
定　　价 /	75.00 元

责任编辑 / 李　薇
文案编辑 / 多海鹏
责任校对 / 周瑞红
责任印制 / 边心超

教材不仅是课程内容的重要载体，而且是教学流程的设计和再造，它对于规范教学内容、有效组织教学活动、提高人才培养质量有着不可或缺的重要作用。近年来，在我国高等教育教学改革过程中，观念与理念更新、教学内容与教学模式改革、人才培养模式转变推动了专业建设和课程建设，为了适应这种变革，本书编者积极开展了基于工作体系、生产过程、行动导向等的教材理念、教材功能、教材体例等的研究与创新，并注重应用实践，通过校企合作和广泛的行业企业调研，对"建筑构造与识图"课程教材进行了系统化、规范化和典型化设计，编写了本教材。

一、教材模式

教材包括主体教材和课程网站两部分。主体教材综合体现整个课程的内容体系，结合最新的《总图制图标准》（GB/T 50103—2010）、《房屋建筑制图统一标准》（GB/T 50001—2017），有机融合了"建筑制图与识图""房屋建筑构造"等课程的相关内容；以"工程图纸识读"为主线，以建筑构件、建筑工程图纸为载体，设计学习任务，通过项目导向、任务驱动等表现形式，突出过程性知识，引导学生学习相关知识，获得经验、诀窍、实用技术、操作规范等与岗位能力形成直接相关的知识和技能，使其知道在实际岗位工作中"如何做""如何做得更好"。本教材设计了"建筑形体表达""建筑构造图识读""建筑施工图识读""结构施工图识读""设备施工图识读"五个项目，包含房屋投影图抄绘、台阶正投影图绘制、基础剖面图和断面图绘制、基础构造图识读、墙体构造图识读等若干个任务。课程网站（读者可通过扫描右侧的二维码或登录以下网址进行学习：https://mooc1-1.chaoxing.com/course/200561475.html）通过形象化、三维化、多样化的形式展现课程相关内容，主要配置了课程建设思路及方法、教学资源、教学实施方案、工程图纸、试题库等系列资源，方便教师进行课程的二次开发，开展课程教学，改进教学模式与教学方法，为广大学生提供一个超越时空的自助学习平台，同时便于将新标准、新图集、新规范等及时纳入教学。

二、教材特点

本教材主要有以下特点和创新点：

1. 基于建筑构造与识图过程，系统性、规范性构建课程内容。

2. 强调互动式学习，以主体教材为主线，及时引导学生查阅标准规范、图集、网站等，通过互动式学习提高学生自主学习能力。

3. 学习方法有机融入课程内容，强化了学习方法与学习能力培养。

4. 以可视化内容设计减少学习难度，通过逻辑图和资源库中的视频资料等，将复杂问题简单化、形象化，提高学生的学习积极性和学习效果。

5. 配合行动导向教学方法，通过教学做之间的引导、互动，使学生在学习过程中实现在学中做、在做中学。

三、教材使用体例

为了激发学生学习兴趣，结合课程内容，本教材设置了"学点术语""提示""想一想""做一做"等小栏目。

在教材的正文栏目和旁引（旁注）中，经常会使用"相关知识""提示""想一想""做一做""学点术语""学习""观看"等一些具有特定功能要求的引导词。

栏目引导词：

1. "相关知识"是强制性引导词。学生应系统学习并完成学习任务所需掌握的相关知识，包括概念、原理和方法等，为任务的实施和职业能力的培养打下理论基础。

2. "提示"是强制性引导词。用于提示学生应注意的学习重点、关键内容和特殊要求等。

3. "想一想"是强制性引导词。学生应按照引导要求进行问题思考与研讨，做出适宜的、创新性的答案，以此提高分析和解决问题的能力。

4. "做一做"是强制性引导词。学生必须按照引导要求进行任务实施方案的研讨，提出可行性、创新性实施方案，按要求完成任务，并归纳总结任务实施心得或经验，由知识转化为能力。

5. "学点术语"是强制性引导词。用于引导学生学习相关的专业术语，加深对主体教材内容的理解。

旁引（旁注）引导词：

教材中将比较重要的视频、图集、标准等用旁注引导学生学习，其他课程相关资源供学生自主学习。

1. "学习"是强制性引导词。学生应系统学习、掌握指定的相关知识和方法，为任务的实施、职业能力的培养打下坚实基础。

2. "观看"是强制性引导词。学到该项部分内容时，学生要观看课程网站配置的相关动画、三维或图片资源，以加深对知识的理解，提高知识应用能力。

四、其他

本教材由威海职业学院万春华、李雪莲担任主编，由威海职业学院毕俊岭、刘永娟担任副主编。其中，万春华负责本教材的系统策划、编写提纲审定和编写过程总把关，并对该书稿内容进行了反复多次认真审阅，针对理念贯彻、框架结构、内容选取、编写体例、语言文字等细节问题提出了许多明确的修改指导意见，最终提交的书稿至少经历了五轮大的修改。

本教材由威海职业学院与威海建设集团有限公司等企业合作编写。具体编写分工如下：万春华主持了教材的结构设计、内容选取和主体内容的编写，并负责项目一、项目二、项目三的编写；毕俊岭、刘永娟负责项目四的编写；李雪莲负责项目五的编写。编写过程中企业专家给课程组提出了很多宝贵意见，在此表示衷心感谢。

本教材适用于实行行动导向教学模式的高等院校师生、企业工程技术人员，也适用于具有一定建筑识图、房屋建筑构造基础的学习者。

本教材在编写理念、结构、内容、体例等方面进行了大胆的探索和创新，但难免存在一些不足及疏漏之处，希望广大读者提出批评或改进建议。

编 者

CONTENTS 目录

CONTENTS

项目一　建筑形体表达

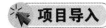

工程建设程序及图样的作用

1. 一幢楼是如何建起来的，需要经过哪些阶段？
2. 建一幢楼需要哪些专业人员的配合？
3. 你能想到的建筑施工企业的岗位有哪些？你将来打算从事何种岗位工作？

一、工程建设的基本程序

工程建设项目实施过程划分为六个工作阶段，如图 1-0-1 所示。

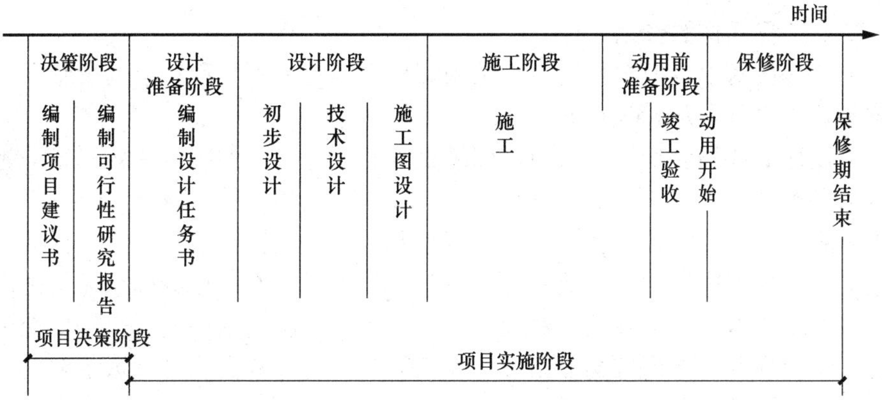

📖 **笔记**

决策阶段		设计准备阶段	设计阶段			施工阶段	动用前准备阶段	保修阶段	时间
编制项目建议书	编制可行性研究报告	编制设计任务书	初步设计	技术设计	施工图设计	施工	竣工验收	动用开始	保修期结束
项目决策阶段		项目实施阶段							

图 1-0-1　工程建设项目实施过程划分

（1）决策阶段。决定项目"做不做"的问题。

（2）设计准备阶段。决定项目"怎么做"的问题。

（3）设计阶段。完成项目各项预控计划的编拟，确定项目的预控指标，为项目的目标管理奠定较为牢固的基础。

（4）施工阶段。业主下达项目开工令开始直至项目竣工验收交付使用全过程的控制。

（5）动用前准备阶段。对工业工程项目施工后期的工业设备调试与试运行、试投产的工作安排。

（6）保修阶段。在此过程中，需要设计方、施工方、监理方等各方互相配合，同时，在设计阶段或施工阶段还需要设计方或施工方不同专业人员之间相互配合。图 1-0-2 所示为建筑工程项目部人员配备情况。从图中大家可以初步了解施工阶段的岗位设置。

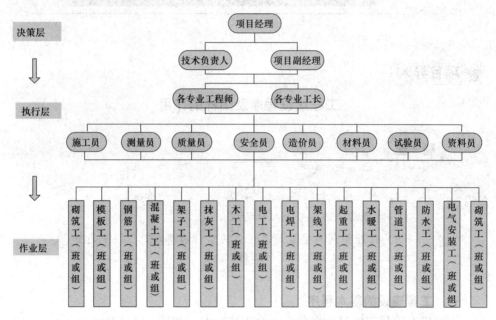

图 1-0-2　项目部人员配备情况

二、工程图样的作用

在工程技术中，根据投影原理及国家标准规定表示工程对象的形状、大小及技术要求的图称为工程图样。

对设计单位的设计人员来说，图纸是表达设计意图的唯一有效途径；施工单位的各个岗位施工人员要实现设计意图，建成工程实体，必须读懂图纸；监理人员进行质量控制、进度控制、投资控制，必须依据图纸才能完成任务。就像人们日常生活中用语言交流一样，在工程技术界，本单位各岗位人员之间、各单位技术人员之间，在表达和交流设计意图、解决技术问题时也需要交流，但由于工程项目具体内容的复杂性，仅仅靠口头的语言交流是远远不够的，只有通过图纸上的"图样"才能准确、详细地记录和表达设计意图与要求，明确施工、制作的依据和质量，所以，工程图样理所当然地成为工程技术界的"语言"，读懂图纸和绘制图样也就成为所有从事建筑行业的技术人员所必须掌握的核心能力之一。无论从事预算员、施工员、质检员等何种岗位工作，首要条件是要能够读懂图纸。

网络空间

思政小课堂：建筑工匠陆国星

做一做

阅读本书的目录并结合网络上的知识，了解本课程的主要内容及其特点；了解本课程的教学模式、任务驱动；了解学习要求和学习方法，制订本课程的学习计划。

任务 1.1　房屋投影图抄绘

笔记

任务学习目标

通过本任务的学习，学生实现以下学习目标：

□ 了解工程图样的作用；

□ 熟悉图纸幅面、图纸格式、图线、字体等制图标准；

□ 能正确使用常用制图工具；

□ 能按照步骤正确抄绘工程图样；

□ 能正确标注图样的尺寸。

任务描述

一、任务内容

自主选择比例和图幅，抄绘图 1-1-1 所示的房屋投影图。在抄绘过程中，熟悉建筑制图标准，了解比例、尺寸标注等制图知识。要求图样绘制正确、符合制图标准，布局合理、线型分明。

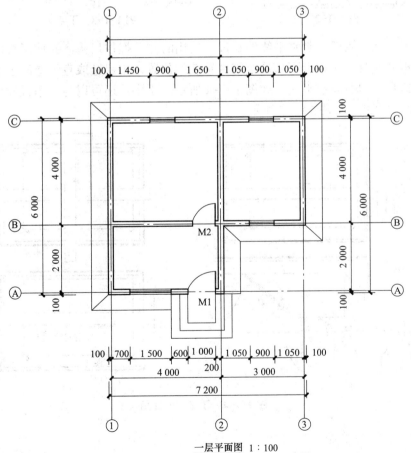

一层平面图　1:100

图 1-1-1　房屋投影图

3

二、实施条件

（1）图板、丁字尺、三角板、圆规、铅笔、橡皮等绘图工具。

（2）图纸1张（根据所选比例及抄绘的图样选用合适的图幅）。

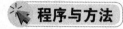程序与方法

步骤一　绘图准备

相关知识

制图工具有图板（图1-1-2）、丁字尺（图1-1-3）、三角板、模板等；制图用品有图纸、铅笔、橡皮、小刀、胶带等。

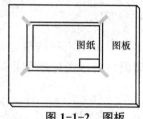

图 1-1-2　图板

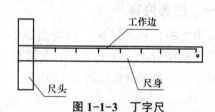

图 1-1-3　丁字尺

丁字尺是用于绘制水平线的长尺，使用时左手握住尺头，并使尺头内侧紧靠图板的左侧工作边上下移动至需要画线的位置，用铅笔或直线笔沿丁字尺的工作边自左向右画水平线，如图1-1-4所示。丁字尺还可以与三角板配合画各种角度的直线，如图1-1-5所示。

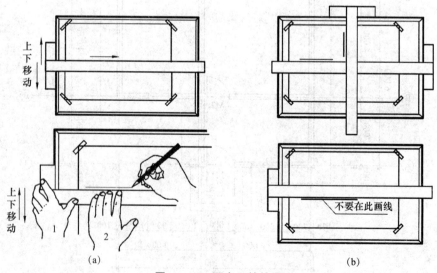

(a) (b)

图 1-1-4　丁字尺的使用

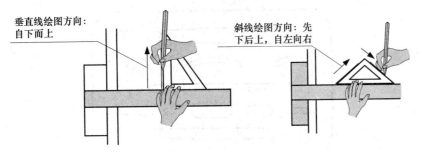

图 1-1-5　丁字尺与三角板配合画线

绘图铅笔硬度可分为 H、B 和 HB 三类。标志 H、2H、…、6H 表示硬铅芯；标志 B、2B、…、6B 表示软铅芯，数字越大表示铅芯越硬或越软；标志 HB 的属于中等硬度。

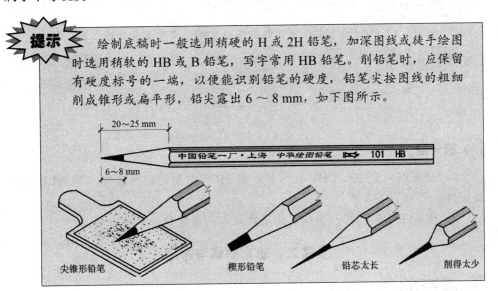

提示　绘制底稿时一般选用稍硬的 H 或 2H 铅笔，加深图线或徒手绘图时选用稍软的 HB 或 B 铅笔，写字常用 HB 铅笔。削铅笔时，应保留有硬度标号的一端，以便能识别铅笔的硬度，铅笔尖按图线的粗细削成锥形或扁平形，铅尖露出 6～8 mm，如下图所示。

在绘制图纸时，为了提高绘图的速度和质量，将图样上常用的一些符号、图例和比例等刻在透明的塑料板上，制成模板。模板可分为建筑模板、结构模板、装饰模板等。图 1-1-6 所示为建筑模板样式，图 1-1-7 所示为擦图片。

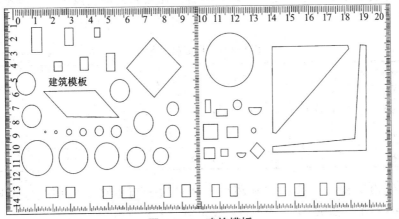

图 1-1-6　建筑模板

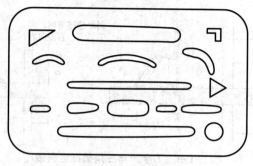

图 1-1-7　擦图片

　　1. 绘制图 1-1-1 所示的房屋投影图，需要哪些绘图工具、仪器及用品？

　　2. 丁字尺、三角板、各种硬度的铅笔应如何正确使用？

做一做

　　1. 分别削一支 2B、2H、H 铅笔，用 2B 铅笔画均匀的粗线，用 2H 铅笔画细实线，用 H 铅笔写字。

　　2. 试着用丁字尺画水平线，用丁字尺和三角板配合画竖直线。

步骤二　确定图幅与布局

相关知识

一、图纸幅面尺寸和格式

　　图纸幅面（简称图幅）是指图纸的尺寸规格。在建筑工程中常用的图纸幅面尺寸见表 1-1-1，为了便于装订，一套工程图的图幅应该统一，以不超过两种为宜。

网络空间

学习《房屋建筑制图统一标准》（GB/T 50001—2017）

表 1-1-1　图纸幅面尺寸

mm

幅面代号 尺寸代号	A0	A1	A2	A3	A4
$b \times l$	841×1 189	594×841	420×594	297×420	210×297
c		10		5	
a			25		

　　图纸由图框、会签栏、标题栏、装订边、对中线、幅面线等构成，如图 1-1-8 所示。图纸 A0 ～ A4 的开数如图 1-1-9 所示。

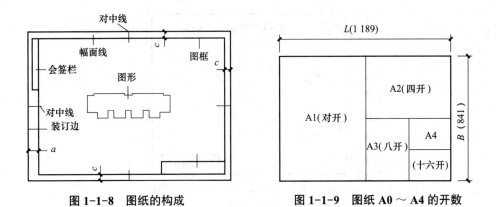

图 1-1-8 图纸的构成   图 1-1-9 图纸 A0 ～ A4 的开数

图纸形式有横式和立式，如图 1-1-10 和图 1-1-11 所示。为了使图样复制和缩微摄影时定位方便，应在图纸各边长的中点处分别画出对中标志（粗实线）。

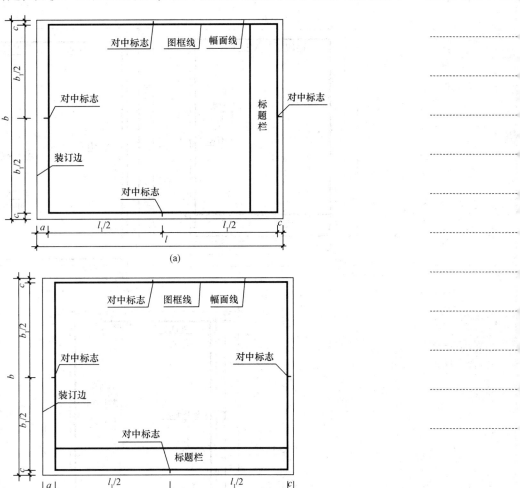

(a)

(b)

图 1-1-10　横式图纸

（a）A0 ～ A3 横式幅面（一）；（b）A0 ～ A3 横式幅面（二）

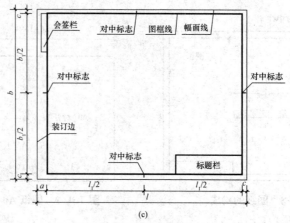

(c)

图 1-1-10 横式图纸（续）

（c）A0～A3 横式幅面（三）

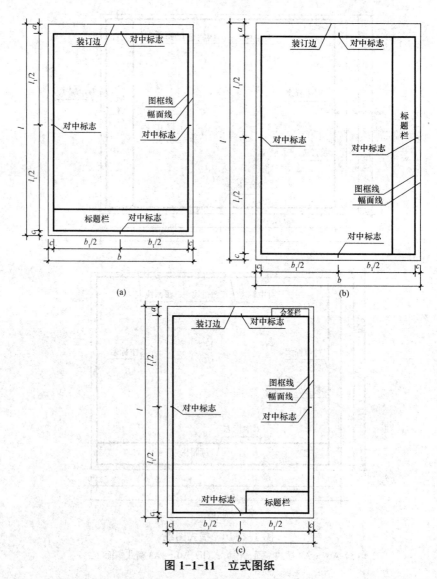

(a)

(b)

(c)

图 1-1-11 立式图纸

（a）A0～A4 立式幅面（一）；（b）A0～A4 立式幅面（二）；（c）A0～A4 立式幅面（三）

标题栏位于图纸右下角，又称图标，用于填写工程图样的图名、图号、比例、设计单位、设计人姓名、审核人姓名及日期等内容。其内容、格式及尺寸应按《房屋建筑制图统一标准》（GB/T 50001—2017）的规定。学生作业用标题栏推荐使用图 1-1-12 所示的格式绘制。

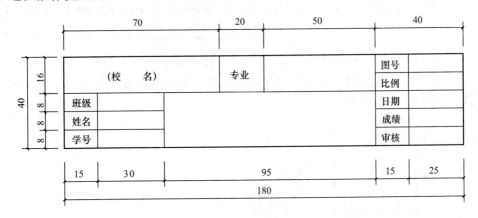

图 1-1-12　作业用标题栏

会签栏是指工程图纸上由各专业负责人填写所代表的专业、姓名、日期等内容的一个表格，如图 1-1-13 所示。

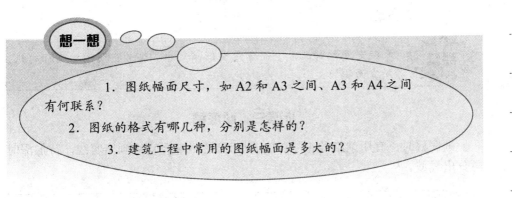

图 1-1-13　会签栏格式

想一想

1. 图纸幅面尺寸，如 A2 和 A3 之间、A3 和 A4 之间有何联系？
2. 图纸的格式有哪几种，分别是怎样的？
3. 建筑工程中常用的图纸幅面是多大的？

二、比例

图样比例是指图形与实物相对应的线性尺寸之比。绘制图样时，应根据图样的用途和所绘制形体的复杂程度，从表 1-1-2 中选用适当的比例。

表 1-1-2　绘图所用的比例

常用比例	1：1，1：2，1：5，1：10，1：20，1：30，1：50，1：100，1：150，1：200，1：500，1：1000，1：2000
可用比例	1：3，1：4，1：6，1：15，1：25，1：30，1：40，1：60，1：80，1：250，1：300，1：400，1：600，1：5000，1：10000，1：20000，1：50000，1：100000，1：200000

图 1-1-14 所示为不同比例绘制的同一实物的图样。

建筑工程图的比例一般注写在图名的右侧，所用的字号比图名字号小 1 或 2 号，如图 1-1-15 所示。

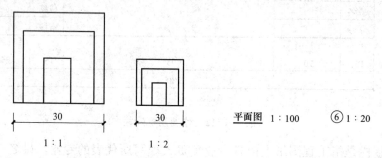

图 1-1-14　用不同比例绘制的图样　　图 1-1-15　比例表示方法和注写位置

无论采用哪个比例画图，图中标注的均为实物的实际尺寸，而不是图形尺寸，施工按照图中标注的尺寸进行。

 笔记

 做一做

1. 根据要抄绘的图样尺寸及复杂程度选择合适的比例和图幅，确定图纸的格式，用 2H 铅笔轻轻画上图框和标题栏。

2. 根据图纸大小和要绘制的图样大小进行图纸的布局，画出草图的上、下、左、右四条线。

确定图幅时，应全面考虑图形、尺寸、编号、明细栏及标题栏等所需面积的大小。

步骤三　画底稿

画底稿时，宜用削细的 H 或 2H 硬标号的铅笔轻轻地画出实线，待加深时再分出线型。

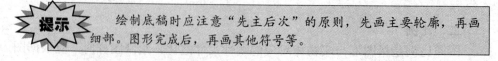

绘制底稿时应注意"先主后次"的原则，先画主要轮廓，再画细部。图形完成后，再画其他符号等。

步骤四　加深图线

在加深图线时，应该做到线型正确、粗细分明、连接光滑、图面整洁。加深粗线通常要用 2B 铅笔，加深细线、细点画线等用削细的 H 或 2H 铅笔，写字和画箭头用 HB 铅笔或 H 铅笔。加深的一般步骤宜按照先细后粗、先曲后直、先水平后垂直，水平线从上向下、垂直线从左至右的原则进行，并尽量减少丁字尺在图面上的移动次数，以保持图面整洁。

 相关知识

一、线型

线型划分、宽度和用途见表 1-1-3。

表 1-1-3　图线的线型、宽度和用途

名称		线型	线宽	一般用途
实线	粗		b	主要可见轮廓线
	中粗		$0.7b$	可见轮廓线、变更云线
	中		$0.5b$	可见轮廓线、尺寸线
	细		$0.25b$	图例填充线、家具线
虚线	粗		b	见各有关专业制图标准
	中粗		$0.7b$	不可见轮廓线
	中		$0.5b$	不可见轮廓线、图例线
	细		$0.25b$	图例填充线、家具线
单点长画线	粗		b	见各有关专业制图标准
	中		$0.5b$	见各有关专业制图标准
	细		$0.25b$	中心线、对称线、轴线等
双点长画线	粗		b	见各有关专业制图标准
	中		$0.5b$	见各有关专业制图标准
	细		$0.25b$	假想轮廓线、成型前原始轮廓线
折断线	细		$0.25b$	断开界线
波浪线	细		$0.25b$	断开界线

二、图线的规定与画法

（1）图线的基本线宽 b 宜按照图纸比例及图纸性质从 1.4 mm、1.0 mm、0.7 mm、0.5 mm 线宽系列中选取。每个图样应根据复杂程度与比例大小，先选定基本线宽 b，再选用表 1-1-4 中相应的线宽组。

（2）同一张图纸内，相同比例的各图样应选用相同的线宽组。

（3）图纸的图框和标题栏线可采用表 1-1-5 的线宽。

（4）相互平行的图例线，其净间隙或线中间隙不宜小于 0.2 mm。

表 1-1-4　线宽组　　　　　　　　　　　　　　　　　　　　　　　　　mm

线宽比	线宽组			
b	1.4	1.0	0.7	0.5
$0.7b$	1.0	0.7	0.5	0.35
$0.5b$	0.7	0.5	0.35	0.25
$0.25b$	0.35	0.25	0.18	0.13

表 1-1-5　图框和标题栏线的宽度　　　　　　　　　　　　mm

幅面代号	图框线	标题栏外框线对中标志	标题栏分格线幅面线
A0、A1	b	$0.5b$	$0.25b$
A2、A3、A4	b	$0.7b$	$0.35b$

（5）虚线、单点长画线或双点长画线的线段长度和间隔宜各自相等。

（6）单点长画线或双点长画线的两端不应采用点。点画线与点画线交接或点画线与其他图线交接时，应采用线段交接。

（7）虚线与虚线交接或虚线与其他图线交接时应采用线段交接，虚线为实线的延长线时不得与实线相接。

（8）除非有特别规定，两条平行线之间的最小间隙不得小于 7mm。

步骤五　标注尺寸

 相关知识

在建筑工程图中，图形只能表示物体的形状，而物体的真实大小则由图样上所标注的实际尺寸来确定，所以图中必须标注尺寸。

一、尺寸的组成及注意的问题

各种尺寸的标注和注意的问题见表 1-1-6。

表 1-1-6　尺寸标注的问题

项目	说明	图例
总说明	1. 完整尺寸标注，由下列内容组成： （1）尺寸界线（细实线） （2）尺寸线（细实线） （3）尺寸起止符号（中实线） （4）尺寸数字（工程数字） 2. 实物的真实大小，应以图上所注尺寸数据为依据，与图形的比例无关 3. 除标高及总平面图以米为单位外，尺寸单位都是毫米，不需要注明	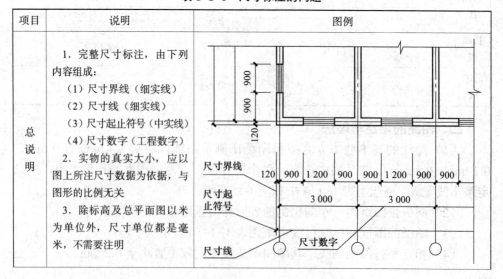

项目	说明	图例
尺寸数字	1. 尺寸数字应按图（a）所示方向填写和识读，并尽量避免在图示30°范围内标注尺寸，当无法避免时可按图（b）的形式标注	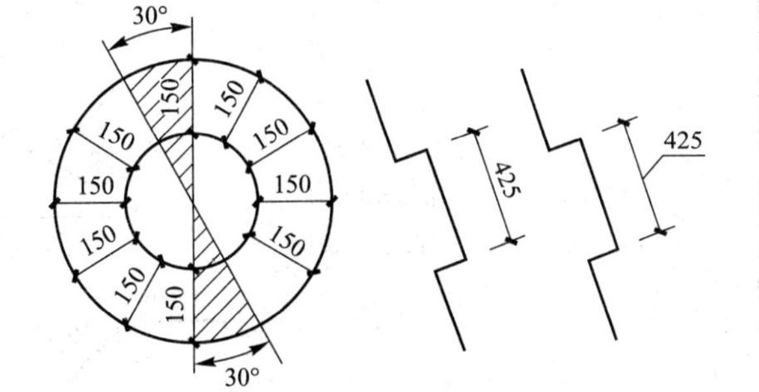 （a）　　　　　　（b）
	2. 尺寸数字一般应依据其方向注写在靠近尺寸线的上方中部。如没有足够的注写位置，最外边的尺寸数字可注写在尺寸界线的外侧，中间相邻的尺寸数字可错开注写	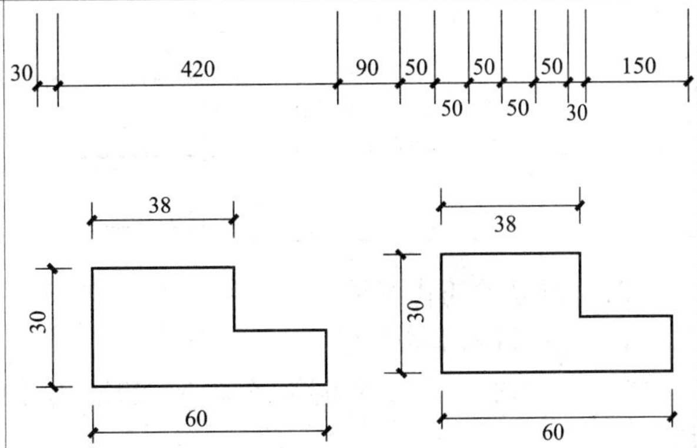 正确　　　　　　错误
	3. 任何图线不得与尺寸数字相交，无法避免时应将图线断开	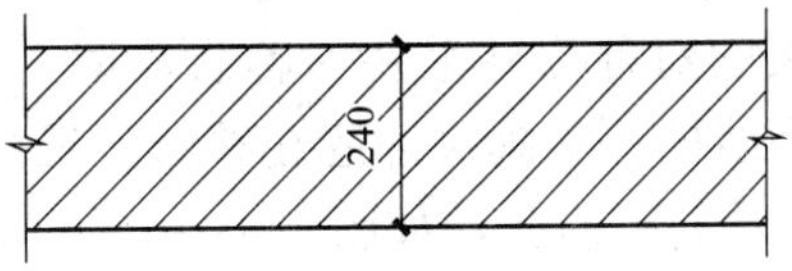
尺寸线	尺寸线应用细实线绘制，应与被标注长度平行，中心线、图形本身的任何图线均不得用作尺寸线，两道尺寸线的间距应该相等，小尺寸在里、大尺寸在外	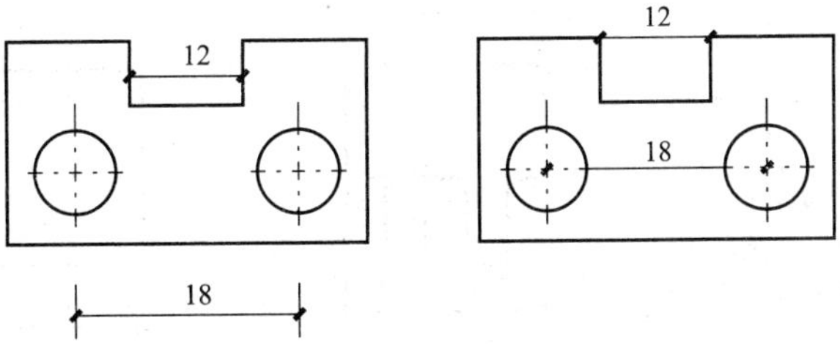 正确　　　　　　错误
尺寸界线	尺寸界线与尺寸线垂直，用细实线绘制，轮廓线和中心线可以作为尺寸线	

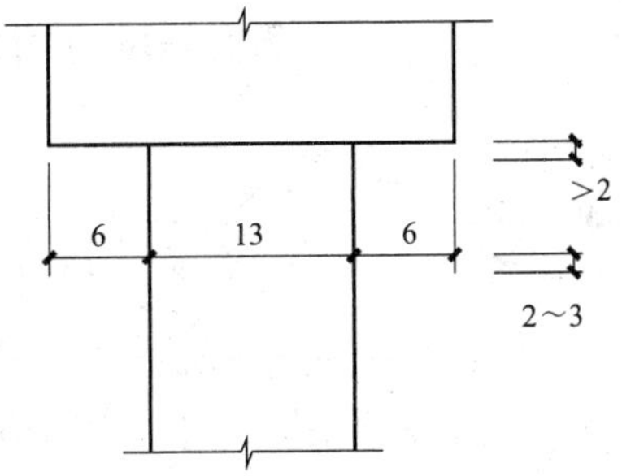

项目	说明	图例
其他标注形式	1. 桁架式结构的单线图，宜将各构件尺寸直接标注在杆件的一侧。不用尺寸线和尺寸界线	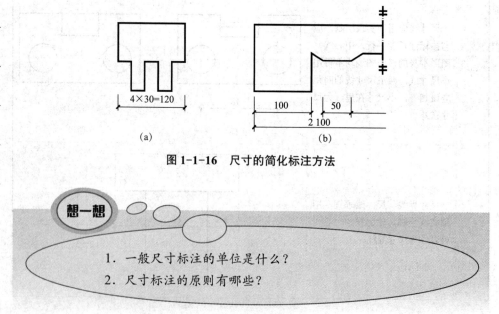
	2. 坡度的标注，一般用箭头表示，箭头指向下坡方向	

二、尺寸的简化标注

1. 连续排列等长尺寸

连续排列的等长尺寸可用"个数×等长＝总长"的形式标注，如图1-1-16（a）所示。

2. 对称构件尺寸

较长的对称构件采用对称省略时，该对称构件的尺寸线应略超过对称符号，仅在线的一端画尺寸起止符号，尺寸数字应按整体全尺寸注写，其注写位置宜与对称符号对齐，如图1-1-16（b）所示。

$$4×30=120$$

（a）

（b）

图 1-1-16　尺寸的简化标注方法

想一想

1. 一般尺寸标注的单位是什么？
2. 尺寸标注的原则有哪些？

做一做

1. 找出下图尺寸标注的错误，并给出正确标注。

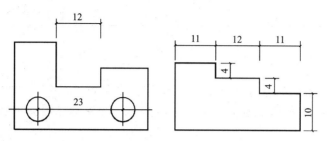

2. 抄绘下图图样并标注尺寸，注意尺寸标注的要求（尺寸从图中量取，比例为 1 ∶ 100）。

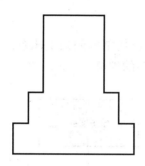

步骤六　图纸完善

相关知识

图样中除图形外，还要书写汉字、字母和符号等，来说明图形尺寸、有关材料、构造做法及要求，这些文字必须做到：字体工整、笔画清晰、间隔均匀、排列整齐。

图纸上的汉字应采用长仿宋字。长仿宋字的字高与字宽之比多为 3 ∶ 2（或 7 ∶ 5），一般字高不应小于 3.5 mm。书写长仿宋字前，应先画好格子，以保证写得大小一致、排列整齐。书写要领是横平竖直、起落分明、结构均匀、填满方格，如图 1-1-17 所示。

工 业 民 用 建 筑 厂 房 屋 平 立 剖
结 构 施 说 明 比 例 尺 寸 长 宽 高

图 1-1-17　长仿宋字的写法

字的大小用字号表示，字号一般为字体的高度，建筑工程图中常用的字号有 20 mm、14 mm、10 mm、7 mm、5 mm、3.5 mm 六种。各字号的高度和宽度的关系应符合表 1-1-7 的规定。

表 1-1-7　长仿宋字高宽关系　　　　　　　　mm

字高	3.5	5	7	10	14	20
字宽	2.5	3.5	5	7	10	14

做一做

1．用五号长仿宋字写一篇不少于 50 字的自我介绍。

2．填写图样和标题栏上的文字与字母等，加深标题栏外框和图框，完成抄绘。

巩固与训练

一、知识巩固

对照图 1-1-18，梳理自己所掌握的知识体系，并与同学相互交流、研讨个人对某些知识点或技能、技巧的理解。

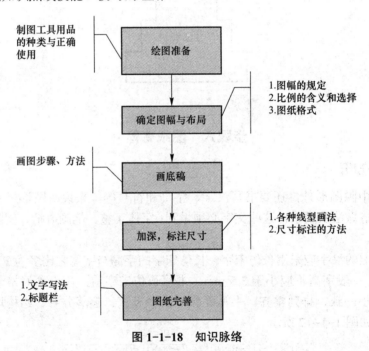

图 1-1-18　知识脉络

二、自学训练

（1）根据任务 1.1 的工作步骤及方法，利用所学知识，自主完成附录图纸中某楼梯平面图的抄绘。

（2）查阅最新版的《总图制图标准》（GB/T 50103—2010）和《房屋建筑制图统一标准》（GB/T 50001—2017），与组内同学交流自己对制图标准、要求的理解。

任务 1.2　台阶正投影图绘制

通过本任务的学习，学生实现以下目标：

□ 了解投影的概念和分类；

□ 熟悉三面正投影图的形成和投影规律；

□ 掌握棱柱等基本体的三面投影的分析方法；

□ 能正确绘制一般建筑形体的三面投影图。

一、任务内容

试分析图 1-2-1 所示台阶的组成，分析其三面投影，采用合适的比例在合适大小的图纸上绘制台阶的三面正投影图，并标注尺寸。要求图样绘制正确、布局合理、图面整洁、线型分明。

@ 网络
空间

微课资源：台阶的
三面投影

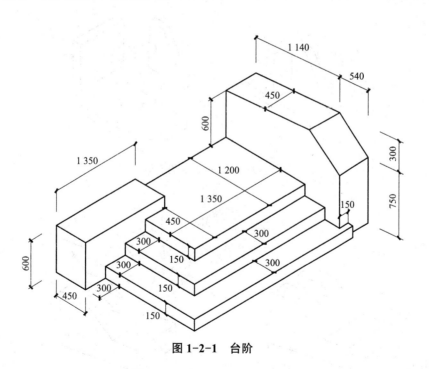

图 1-2-1　台阶

二、实施条件

（1）图板、丁字尺、三角板、圆规、铅笔、橡皮等绘图工具。

（2）图纸 1 张（根据所选比例选用合适的图幅）、台阶三维模型。

程序与方法

步骤一　形体分析

相关知识

　　建筑形体千变万化，但都是由简单的几何体按一定的方式组合或加工而成的，这些简单的几何体称为基本体。常见的基本体有棱柱、棱锥、棱台、圆柱、圆锥、圆台和球。由基本体组合而成的形体称为组合体。组合体按构成方式的不同可分为以下几种形式：

　　（1）叠加式。由几个基本几何体堆砌或拼合而成的形体，称为叠加式组合体，如图 1-2-2 所示。求其投影时可以由几个基本几何体的投影组合而成。

　　（2）切割式。由一个基本几何体经过若干次切割后形成的形体，称为切割式组合体，如图 1-2-3 所示。求其投影时，可先画基本几何体的三面投影图，然后根据切割位置分别在几何体投影上切割。

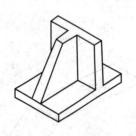
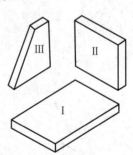

图 1-2-2　叠加式组合体

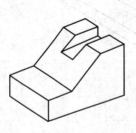
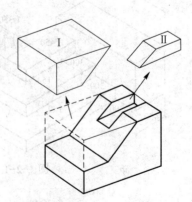

图 1-2-3　切割式组合体

有些形体既可以认为是叠加式，也可以认为是切割式。还有一些形体这两种形式都存在，称为综合型。

由于组合体形状比较复杂，故一般绘制组合体的投影图时应先将组合体分解成若干个基本几何体，并分析它们之间的相互关系，绘制每一个基本几何体的投影，然后根据组合体的组成方式及基本体之间的关系将基本几何体的投影组合成组合体的投影。

 做一做

将图 1-2-1 所示的台阶拆分成若干个基本形体，小组内同学相互交流，分析台阶的组成及组成台阶的基本形体之间的位置关系。

步骤二　确定安放位置

相关知识

作投影图前，应先正确地确定组合体的安放位置，以使投影图具有代表性，并且清晰，容易识读，能够完整地反映出形体的形状。确定组合体的安放位置时应注意下列问题：

（1）将最能反映组合体特征的一面作为正面投影的投影方向，并使之与投影面平行。如建筑形体，一般将有建筑物主要出入口、能够反映建筑物形象特征的面作为正立面。

（2）符合工作状况。如图 1-2-1 中台阶所示的放置位置，踏步板按由下而上的顺序叠放，其方向为正面投影方向，符合生活使用台阶的情况。

（3）放置要平稳。作投影图时，要先让形体稳定下来，才能作出形体对应的投影图，否则作出的图样对于一个运动中的形体来说是没有意义的。生活中组合体的位置一般是平稳的，这也符合实际生活的情况。

（4）应使作出的投影图中尽量避免虚线，或少出现虚线。

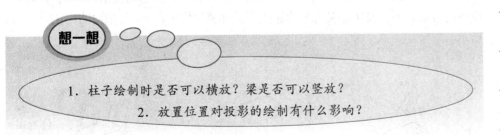

想一想

1. 柱子绘制时是否可以横放？梁是否可以竖放？

2. 放置位置对投影的绘制有什么影响？

 笔记

做一做

分析图 1-2-1 所示的台阶的特征，确定台阶的安放位置，标记台阶的前后、左右、上下的方位。

步骤三　分析三面正投影

 相关知识

一、投影的基本知识

在光线照射下，物体在地面或墙面上会出现影子，影子的形状，大小会随着光线的角度或距离的变化而变化，这一现象称为投影现象。人们从这些现象中认识到光线、物体和影子之间的关系，并加以抽象分析和科学总结产生了投影原理，即用投影线投射一形体，在投影面上产生投影图形。在平面上绘制出形体的投影图，以表示其形状大小的方法，称为投影法，如图1-2-4所示。

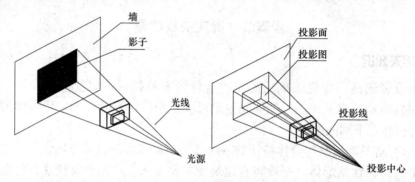

图1-2-4　投影的形成

投影法可依据投影中心的位置及投射线与投影面的关系不同，可分为中心投影法和平行投影法两大类。

（1）中心投影法。中心投影法是指所有的投射线从一个点发出，对形体进行投射所得到的投影图的方法，如图1-2-5（a）所示。

（2）平行投影法。平行投影法是指当投影中心点在无限远处时，投射线即可看成相互平行的一组射线，用相互平行的一组射线对形体进行投射所得到的形体投影图的方法。平行投影法又可分为正投影法和斜投影法两种，如图1-2-5（b）、（c）所示。

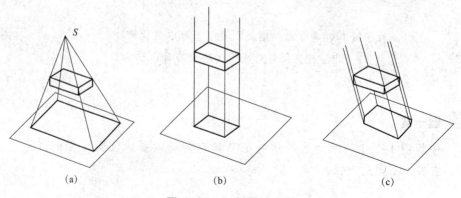

（a）　　　　　　　　　　（b）　　　　　　　　　　（c）

图1-2-5　投影的分类
（a）中心投影；（b）正投影；（c）斜投影

工程上有哪些常用的投影图？分别是用什么投影法画出来的？

二、三面正投影图的形成

一般来说，用三个相互垂直的平面作投影面，形体在这三个投影面上的三个投影才能充分地表示出这个形体的空间形状。三个相互垂直的投影面，称为三面投影体系，如图 1-2-6 所示。三个投影面分别用 H、V、W 表示，H 面称为水平投影面；V 面称为正立投影面；W 面称为侧立投影面。任意两个投影面的交线称为投影轴，分别用 X 轴、Y 轴、Z 轴表示。三个投影轴的交点 O 称为原点。形体在这三面投影体系中的投影分别称为水平投影、正面投影和侧面投影（图 1-2-7）。

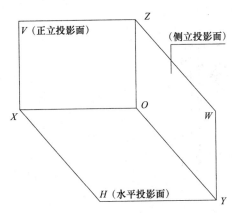

图 1-2-6　三面投影体系

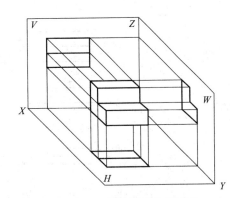

图 1-2-7　投影体系中的投影

笔记

将三个投影面展开（图 1-2-8），三条投影轴成了两条相交的直线；原 X 轴、Z 轴位置不变，原 Y 轴则可分为 Y_H、Y_W 两条轴线，这样就得到了位于同一个平面上的三个正投影图，也就是物体的三面投影图（图 1-2-9）。因为投影面的边框及投影轴与表示物体的形状无关，所以在绘制工程图样时可不予绘制。

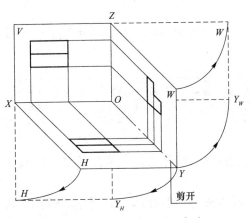

图 1-2-8　投影体系展开方法

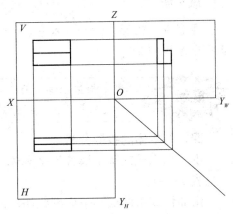

图 1-2-9　投影体系展开结果

从出土文物中考证，我国在新石器时代（约一万年前）就能绘制一些几何图形、花纹，具有简单的图示能力。在春秋时代的一部技术著作《周礼·考工记》中，有画图工具"规、矩、绳、墨、悬、水"的记载。在战国时期我国人民就已运用设计图（有确定的绘图比例、酷似用正投影法画出的建筑规划平面图）来指导工程建设，距今已有 2 400 多年的历史。"图"在人类社会的文明进步和推动现代科学技术的发展中起了重要的作用。

三、三面正投影图的规律

从正投影图中分析可知，V 面、H 面投影左右对齐，并同时反映形体的长度；V 面、W 面上下对齐，并同时反映形体的高度；H 面、W 面前后对齐，并同时反映形体的宽度（图 1-2-10）。

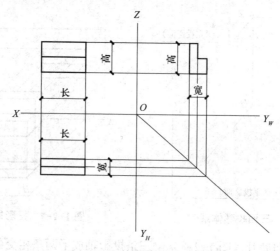

图 1-2-10　三面正投影图"三等关系"

上述三面投影的基本规律可以概括为"长对正、高平齐、宽相等"的关系。

做一做

观察身边的形体，如一本书、一个盒子、一个篮球，徒手画出它们的三面正投影图。

提示　形体都是由点、线、面构成的，可以将生活中的物体，如一粒豆、一支铅笔、一张纸分别看作点、线和面，观察它们的三面投影。

四、基本体的投影分析

由平面围成的基本体称为平面体，如棱柱、棱锥等。其安放位置与投影分析见表 1-2-1。

由曲面或由曲面和平面围合而成的基本体称为曲面体，如圆柱、圆锥、球体等。其安放位置与投影分析见表 1-2-2。

表 1-2-1　平面体投影分析

名称	安放位置	投影分析
三棱柱	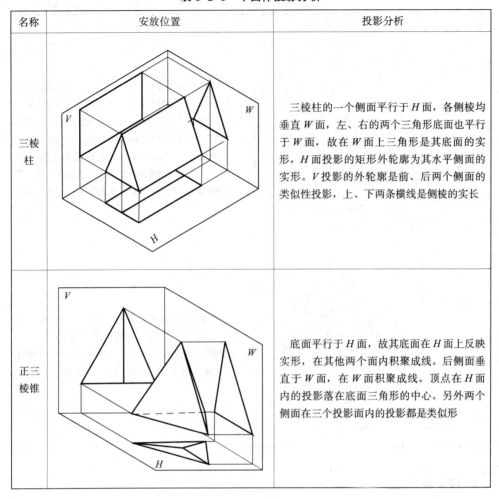	三棱柱的一个侧面平行于 H 面，各侧棱均垂直 W 面，左、右的两个三角形底面也平行于 W 面，故在 W 面上三角形是其底面的实形，H 面投影的矩形外轮廓为其水平侧面的实形。V 投影的外轮廓是前、后两个侧面的类似性投影，上、下两条横线是侧棱的实长
正三棱锥		底面平行于 H 面，故其底面在 H 面上反映实形，在其他两个面内积聚成线。后侧面垂直于 W 面，在 W 面积聚成线。顶点在 H 面内的投影落在底面三角形的中心。另外两个侧面在三个投影面内的投影都是类似形

表 1-2-2　曲面体投影分析

名称	安放位置	投影分析
圆柱	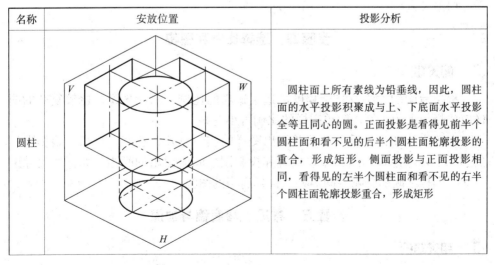	圆柱面上所有素线为铅垂线，因此，圆柱面的水平投影积聚成与上、下底面水平投影全等且同心的圆。正面投影是看得见前半个圆柱面和看不见的后半个圆柱面轮廓投影的重合，形成矩形。侧面投影与正面投影相同，看得见的左半个圆柱面和看不见的右半个圆柱面轮廓投影重合，形成矩形

名称	安放位置	投影分析
圆锥		圆锥体底面平行于 H 面，其水平投影反映实形，正面投影和侧面投影分别积聚成线。圆锥面的正面投影是前半个圆锥面和后半个圆锥面轮廓投影的重合，是最左、最右素线的投影与底面的正面投影构成的等腰三角形。侧面投影则是最前、最后素线的投影与底面的侧面投影构成的与正面投影全等的三角形
圆球		球体的三个投影是三个直径相等的圆，这三个圆实质上也是球体表面分别平行于三个投影面所得的最大直径圆周的投影，分别将球体分成上下、左右、前后三部分

笔记

 做一做

分别绘制组成台阶的各个基本体的三面投影，注意三面投影图的位置和相互之间的关系。

步骤四　选择比例和图幅

 相关知识

根据台阶的大小及复杂程度，选定适当的比例，一般来说，比较复杂的图样应选择较大的比例，简单图样的比例可小一些。

在确定绘图比例后，计算并画出图样的实际总长、总宽、总高，根据图样的总尺寸，考虑投影图的布置位置和投影图之间应留出的间距（如标注尺寸的空间、图样之间的分隔空间等），选择适当的图幅。

步骤五　布局、画底稿与加深

 相关知识

布图时应根据图幅尺寸和图纸上要放置的图样内容通盘考虑，并应满足下列要求：

（1）布图符合投影作图习惯，正面、水平、侧面图按照前面讲过的位置安放。

（2）图形布置要均匀，图与图之间要留合理的空隙。

（3）与图框线有一定的距离。作图时，一般按照画底图、校核、加深图线、复核等步骤进行。

1）画底图。按已布置的投影图的位置，根据形体分析，分别画出各形体的投影图的底图。画底图时应注意以下几项：

①画图次序：按照先主后次、先大后小，先画外面轮廓，后画细部；先画实体，后画孔、槽的次序绘制。

②画底图时所用的线条应以细、淡为宜。

2）校核。完成后的底稿如有错误，要及时改正。

3）加深图线。当底稿无误后，按规定的线型加深、加粗。

4）复核。最后应用形体分析的方法想象空间形体的形状，看投影图是否与实际给出的形体相符合，如果有错误，应立即改正。

做一做

根据台阶大小、图幅和比例进行图纸布局，绘制台阶投影图的底稿，检查无误后加深图线。

步骤六　图纸完善

相关知识

组合体投影图上所标注的尺寸包括定形尺寸、定位尺寸和总尺寸。

一、定形尺寸

定形尺寸是确定形体的各组成部分大小的尺寸，通常包括长、宽、高三项尺寸。如图 1-2-11 所示的组合体三面投影图中，上面挖空的小圆柱的定形尺寸为正面投影显示直径 100 mm、水平面投影显示宽 50 mm，这个基本体通过两面投影就可以将长、宽、高表达清楚。

 笔记

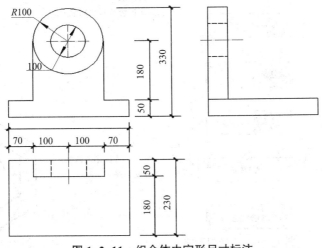

图 1-2-11　组合体中定形尺寸标注

二、定位尺寸

定位尺寸是确定形体各部分之间相对位置的尺寸。标注定位尺寸要有基准，通常将形体的底面、侧面、对称轴线、中心轴线等作为尺寸的基准。如图 1-2-11 所示的组合体三面投影图中，上面棱柱体的定位尺寸为左边与底座的左边缘的距离，即 70 mm。

三、总尺寸

在组合体的投影图中，还需要标注出组合体的总长、总宽和总高，即形体的总尺寸。

做一做

1. 标注台阶的定形尺寸、定位尺寸及总尺寸。注意要清晰、准确、完整，并注意尺寸的排列。

2. 填写标题栏，加深图框。

巩固与训练

一、知识巩固

对照图 1-2-12，梳理所掌握的知识体系，并与同学相互交流、研讨个人对某些知识点或技能技巧的理解。

二、自学训练

（1）根据任务 1.2 的工作步骤及方法，利用所学知识，选择合适的图幅和比例绘制如图 1-2-13 所示形体的三面投影图（尺寸从图中量取）。

（2）观察身边建筑物的室外台阶，用钢卷尺量取台阶的尺寸，根据任务 1.2 的步骤及方法，利用所学知识，绘制一张台阶的三面正投影图，并在组内展示交流，互相取长补短。

笔记

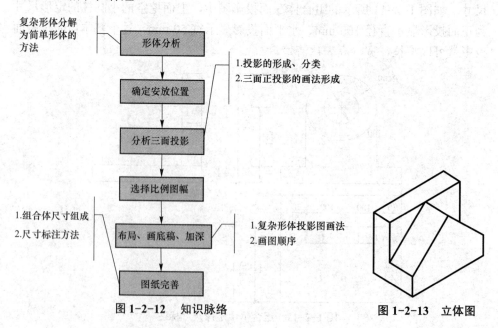

图 1-2-12　知识脉络

图 1-2-13　立体图

任务 1.3　基础剖面图、断面图绘制

任务学习目标

通过本任务的学习，学生实现以下目标：
- □ 了解剖面图与断面图的类型；
- □ 熟悉剖面图和断面图的形成；
- □ 掌握三面正投影图的形成和画法；
- □ 能识读和绘制常用的材料图例；
- □ 能正确绘制常用建筑构件的剖面图与断面图。

@ 网络
空间

微课资源：双柱杯
基础的剖面图和断
面图

任务描述

一、任务内容

根据图 1-3-1 所示双柱杯形基础的三面正投影图和立体图，选择合适的剖切位置和剖切方式，绘制该基础的剖面图和断面图。尺寸从正投影图中量取。

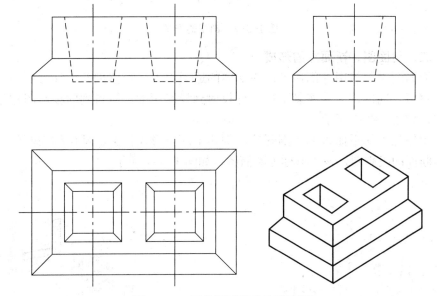

图 1-3-1　双柱杯形基础的投影图

二、实施条件

（1）图板、丁字尺、三角板、圆规、铅笔、橡皮等绘图工具。

（2）A4 图纸 1 张，基础三面正投影图。

笔记

步骤一　选择剖切位置和方式

相关知识

一、剖面图、断面图的作用

画建筑形体的投影图时，可见的轮廓线用粗实线表示，不可见的轮廓线用虚线表示。当形体的内部构造较复杂时，必然形成图形中的虚实线重叠交错、混淆不清，无法表示清楚物体的内部构造，既不便于标注尺寸，又不易识图。为了清晰地表达出形体的内部构造，便于图中尺寸的标注，应尽量减少图中的虚线。这时，可将形体剖切开以后再投影，用剖面图或断面图来表达。如图 1-3-2 所示的基础和梁采用剖视的方法可以很好地体现形体的内部构造。

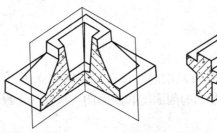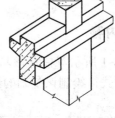

图 1-3-2　剖视的方法

二、剖面图、断面图的形成

剖面图是假想用一剖切平面在形体的适当位置将形体剖开，移去剖切平面与观察者之间的部分，将剩下的部分投射到投影面上，所得到的投影图称为剖面图，如图 1-3-3 所示。

用假想剖切平面将形体剖开后，剖切平面与形体接触的部位称为断面，只作出断面的投影图，该图形称为断面图，如图 1-3-4 所示。

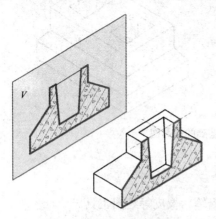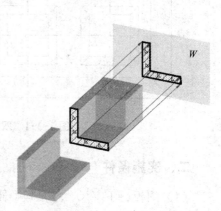

图 1-3-3　剖面图的形成　　　　图 1-3-4　断面图的形成

三、剖面图的类型

画剖面图时，可根据形体及要表达内容的不同特点来选择剖切位置、剖切方法和剖切范围，即出现了不同类型的剖面图，常见的有全剖面图、阶梯剖面图、展开剖面图、半剖面图、局部剖面图和分层剖面图，见表1-3-1。

表 1-3-1 剖面图剖切方式和特点

类型	图示	特点
全剖面图		用一个剖切平面将物体全部剖开后所得到的剖面图
半剖面图		如果被剖切的形体是对称的，而且形体的内外部均比较复杂，画图时，一般以对称轴为界，一半画外形投影图，另一半画剖面图，可同时表示物体的外形和内部构造
阶梯剖面图		当形体上有较多的孔、槽等内部结构，并且用一个剖切平面不能完全剖到时，则可用假想几个相互平行的剖切平面，分别通过孔、槽等的轴线将形体剖开，所得到的剖面图
展开剖面图		当形体为相交组合而成时，可采用两个或两个以上的相交剖切平面将形体剖开，并将两相交的剖断面经旋转展开后，再作正投影，所得到的剖面图

类型	图示	特点
局部剖面图		当形体某一局部的内部形状需要表达，但是又没有必要作全剖和半剖时，可以保留原投影图的大部分，用剖切平面将形体的局部剖切开而得到的剖面图
分层剖面图	600×600防滑地砖 素土夯实　100厚C10混凝土　20厚水泥砂浆垫层	可反映具有多层构造的工程形体各层所用材料和构造的做法，多用来表达房屋的楼面、地面、墙面和屋面等处的构造。分层剖面图应按层次用波浪线将各层分开

 做一做

分析图 1-3-1 所示的双柱杯形基础的投影图的形体特征，确定剖切方式，画出剖切位置。

步骤二　画正投影图及剖切符号

相关知识

由于不同的剖切位置和投影方向将会得到不同的剖面图，为了便于人们将剖面图与投影图对照起来识读，应在投影图中标注出剖面图的剖切符号。

剖切符号宜优先选择国际通用方法表示（图 1-3-5），也可采用常用方法表示（图 1-3-6），同一套图纸应选用一种表示方法。剖切符号标注的位置应符合下列规定：

（1）建（构）筑物剖面图的剖切符号应标注在 ±0.000 标高的平面图或首层平面图上；

（2）局部剖切图（不含首层）、断面图的剖切符号应标注在包含剖切部位的最下面一层的平面图上。

采用国际通用剖视表示方法时，剖面及断面的剖切符号应符合下列规定：

剖面剖切索引符号应由直径为 8 ～ 10 mm 的圆和水平直径及两条相互垂直且外切圆的线段组成。水平直径上方应为索引编号，下方应为图纸编号，线段与圆之间应填充黑色并形成箭头表示剖视方向，索引符号应位于剖线两端，断面及剖视详图剖切符号的索引符号应位于平面图外侧一端，另一端为剖视方向线，长度为 7 ～ 9 mm，宽度为 2 mm。

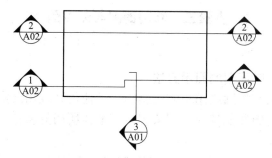

图 1-3-5　剖视的剖切符号（一）

采用常用方法表示时，剖切符号由剖切位置线和投影方向线组成。剖切位置线表示剖切平面的剖切位置，用粗实线表示，长度为 6 ~ 10 mm，注意不能与图中的其他图线相交；投影方向线表示剖切后的投影方向，长度为 4 ~ 6 mm的粗实线，绘制在剖切位置线的两端，应与之垂直，其指向即投射线方向。为了区别多个剖切符号，剖切符号应采用阿拉伯数字编号，数字应水平书写在剖切符号的端部，如图 1-3-6 所示。

断面图的剖切符号只画出剖切位置线，长度为 6 ~ 10 mm 的粗实线，不画出投影方向线，编号写在投影方向一侧。

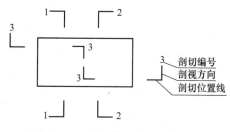

图 1-3-6　剖视的剖切符号（二）

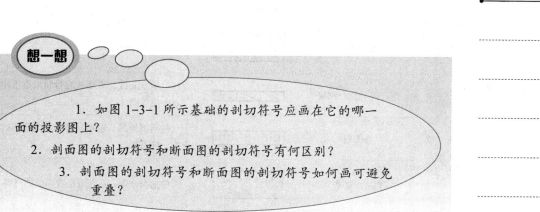

想一想

1. 如图 1-3-1 所示基础的剖切符号应画在它的哪一面的投影图上？

2. 剖面图的剖切符号和断面图的剖切符号有何区别？

3. 剖面图的剖切符号和断面图的剖切符号如何画可避免重叠？

👥 **做一做**

1. 在 A4 纸上绘制基础的两个面的正投影图，按照自己确定的剖切位置和方式绘制相应的剖切符号。

2. 按照剖面图的剖切位置画出断面图的剖切符号。

步骤三　画剖面图与断面图

 相关知识

一、剖面图、断面图的图示方法

剖面图中的断面轮廓应用粗实线绘制，其他轮廓线用细实线绘制。断面内一般应用相应的材料图例填充，用来表达该形体所用的材料，以区分剖切到的与未剖切到的部分。

《房屋建筑制图统一标准》（GB/T 50001—2017）中规定了常用的建筑材料图例，见表1-3-2。对于不明材料的形体，可用同方向、等间距的45°细实线表示图例。如果断面很小，则断面内的建筑材料图例可以涂黑表示。

表1-3-2　常用建筑材料图例

序号	名称	图例	备注
1	自然土壤		包括各种自然土壤
2	夯实土壤		
3	砂、灰土		
4	实心砖、多孔砖		包括普通砖、多孔砖、混凝土砖等砌体
5	耐火砖		包括耐酸砖等砌体
6	空心砖、空心砌块		包括空心砖、普通或轻骨料混凝土小型空心砌块等砌体
7	饰面砖		包括铺地砖、玻璃马赛克、陶瓷锦砖、人造大理石等
8	焦渣、矿渣		包括与水泥、石灰等混合而成的材料
9	混凝土		1. 包括各种强度等级、骨料、添加剂的混凝土
10	钢筋混凝土		2. 在剖面图上画出钢筋时，不画图例线 3. 断面图形较小，不易画出图例线时，可填黑或深灰（灰度宜70%）
11	多孔材料		包括水泥珍珠岩、沥青珍珠岩、泡沫混凝土、软木、蛭石制品等

序号	名称	图例	备注
12	纤维材料	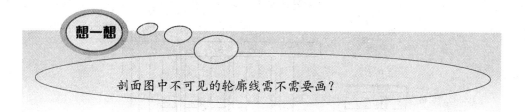	包括矿棉、岩棉、玻璃棉、麻丝、木丝板、纤维板等
13	泡沫塑料材料		包括聚苯乙烯、聚乙烯、聚氨酯等多聚合物类材料
14	防水材料		构造层次多或绘制比例大时，采用上面的图例

想一想

剖面图中不可见的轮廓线需不需要画？

做一做

分析基础的剖面图，按照剖面图绘制的要求在另外一面投影图的位置画剖面图的轮廓线和图例。

二、断面图的种类

在实际应用中，根据断面图所在的位置不同，通常采用的断面图有移出断面图、重合断面图和中断断面图，如图1-3-7所示。

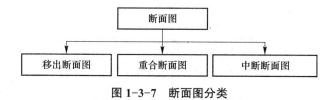

图 1-3-7　断面图分类

1. 移出断面图

画在投影图外的断面图称为移出断面图。移出断面图一般绘制在靠近物体的一侧或端部处，并按顺序依次排列。在移出断面图下方应注写图名，如图1-3-8所示。

2. 重合断面图

画在投影图内的断面图称为重合断面图。由于重合断面图与投影图重合，所以一般不必画剖切符号。图1-3-9（a）所示为工字钢的重合断面图；图1-3-9（b）所示为墙面的重合断面图——装饰图案，应当在断面轮廓线的内侧加画图例符号。

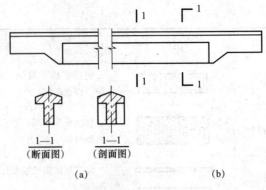

图 1-3-8 移出断面图

（a）移出断面图；（b）剖面图

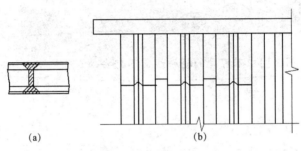

图 1-3-9 重合断面图

（a）工字钢的重合断面图；（b）墙面的重合断面图——装饰图案

3. 中断断面图

画在投影图中断处的断面图称为中断断面图。对于单一的长向杆件，在投影图的某一处用折断线断开，然后将断面图画于其中。图 1-3-10 所示为双角钢中断断面图。

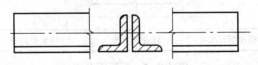

图 1-3-10 双角钢中断断面图

中断断面图的轮廓线用粗实线绘制，投影图中的中断处用折断线或波浪线绘制。

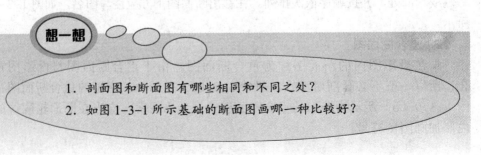

想一想

1. 剖面图和断面图有哪些相同和不同之处？

2. 如图 1-3-1 所示基础的断面图画哪一种比较好？

做一做

分析基础的断面图，按照断面图绘制的要求在适当位置画断面图的轮廓线和图例。

步骤四 标注图名

 相关知识

剖面图的图名应与剖切符号的编号一致，如 1-1 剖面图、2-2 剖面图等。

断面图的图名与剖切符号的编号一致，但不用写"断面图"的字样，如 1-1、2-2 等。

 做一做

在剖面图、断面图的下方标注图名。

@ 网络空间

微课资源：断面图的画法

巩固与训练

一、知识巩固

对照图 1-3-11，梳理自己所掌握的知识体系，并与同学相互交流、研讨个人对某些知识点或技能技巧的理解。

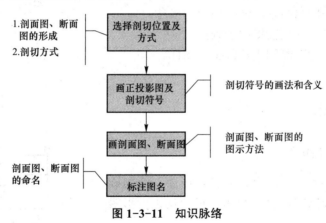

图 1-3-11 知识脉络

二、自学训练

（1）根据任务 1.3 的工作步骤及方法，利用所学知识，绘制图 1-3-12 所示杯形基础的半剖面图（2-2 剖面图）。

（2）根据任务 1.3 的工作步骤及方法，利用所学知识，绘制图 1-3-12 所示形体的阶梯剖面图（1-1 剖面图）。

笔记

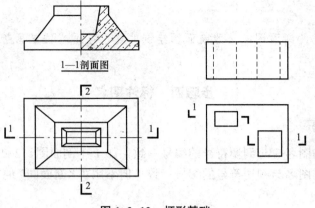

1—1剖面图

图 1-3-12　杯形基础

任务 1.4　台阶轴测图绘制

任务学习目标

通过本任务的学习，学生实现以下目标：

☐ 了解轴测投影图的形成和特点；

☐ 熟悉轴间角与轴向伸缩系数的概念；

☐ 掌握常用轴测投影图的画法；

☐ 能识读用轴测图表达的工程图样。

笔记

任务描述

一、任务内容

根据图 1-4-1 所示台阶的正投影图，绘制该台阶的正等轴测图和斜二测图。尺寸从正投影图中量取。

二、实施条件

（1）图板、丁字尺、三角板、圆规、铅笔、橡皮等绘图工具。

（2）A4 图纸 1 张，台阶的正投影图。

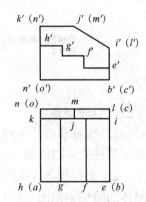

图 1-4-1　台阶的正投影图

步骤一　绘制正等测图的轴测轴

一、轴测投影的形成

如图 1-4-2 所示，将形体连同反映形体尺度的三个坐标轴，用平行投影法投射在单一投影面 P 上，便可得到该形体的轴测投影图，简称轴测图。平面 P 就是轴测投影的投影面，直角坐标轴 OX、OY、OZ 在轴测投影面上的投影 O_1X_1、O_1Y_1、O_1Z_1 为轴测投影轴，简称轴测轴，三条轴测轴的交点 O 为原点，相邻轴测轴之间的夹角为轴间角。

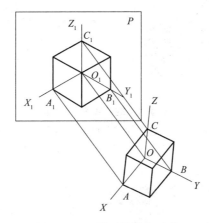

图 1-4-2　轴测投影的形成

当轴测轴倾斜于轴测投影面时，与轴测轴平行的线段的轴测投影长度小于实长。将轴测轴上的线段与坐标轴上对应线段长度的比值称为轴向伸缩系数（又称轴向变形系数）。X、Y、Z 轴的轴向伸缩系数分别为 p、q、r（图 1-4-2），即

$$p = \frac{O_1X_1}{OX}; \quad q = \frac{O_1Y_1}{OY}; \quad r = \frac{O_1Z_1}{OZ}$$

二、轴测投影图的类型

根据作轴测投影图时，形体的放置位置和投影线与投影面的夹角不同，轴测投影图可分为正轴测投影图和斜轴测投影图。

1. 正轴测投影图

如图 1-4-3（a）所示，将形体斜放，使其三个坐标轴方向都倾斜于一个投影面，然后向轴测投影面作正投影，称为正轴测投影，用这种投影方法画出来的图称为正轴测投影图，简称正轴测图。

2. 斜轴测投影图

如图 1-4-3（b）所示，将形体正放，使形体的一面平行于轴测投影面，向轴测投影面进行斜投影，称为斜轴测投影，用这种投影方法画出来的图称为斜

轴测投影图，简称斜轴测图。

每类轴测投影图按轴向伸缩系数又可分为以下三种：

（1）若三个轴向伸缩系数都相等，即 $p = q = r$，称为正（或斜）等测投影；

（2）若有两个轴向伸缩系数相等，即 $p = q \neq r$，或 $p = r \neq q$，或 $q = r \neq p$，称为正（或斜）二测投影；

（3）若三个轴向伸缩系数都不相等，即 $p \neq q \neq r$，则称为正（或斜）三测投影。

建筑工程上常采用正等测、斜二测和水平斜轴测图等。

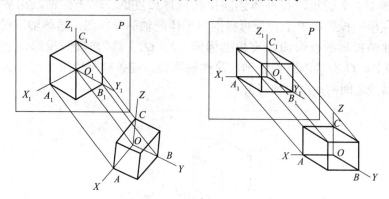

图 1-4-3　轴测投影图的类型

（a）正轴测投影；（b）斜轴测投影

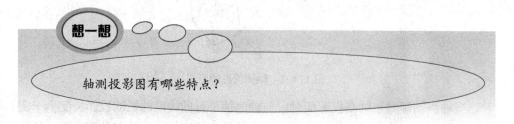

想一想

轴测投影图有哪些特点？

三、正等测图的轴测轴画法

1．正等测图的形成

先将形体放置成使它的三个坐标轴与轴测投影面具有相同的夹角，然后用正投影方法向轴测投影面投影，就可得到该形体的正等轴测投影图，简称正等测图。

如图 1-4-4 所示的正方体，令其处于图 1-4-4（a）所示的空间坐标位置，将正方体和空间坐标系一起绕 Z 轴旋转 45°，成为图 1-4-4（b）所示的位置，再向前倾斜到正方体的对角线垂直于投影面 P，成为图 1-4-4（c）所示的位置。这时，正方体的三个坐标轴与轴测投影面 P 有相同的夹角，向轴测投影面 P 进行正投影，所得的投影图即正方体的正等测图。

2．正等测图的轴间角和轴向伸缩系数

正等测图的三个轴间角都是 120°，三个轴向伸缩系数均相等，为 $p = q = r = 0.82$，即在画图时，形体的各长、宽、高方向的尺寸均要缩小约 0.82 倍，照此作图，需要确定轴测图的每个尺寸，给作图带来了极大的不便。在实际画

正等测图时，通常取 $p = q = r = 1$，这样简化后只是图样稍有增大，但作图简便多了，不影响图样的立体效果，如图 1-4-5 所示。

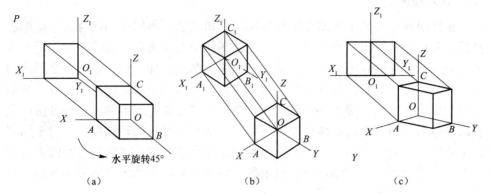

图 1-4-4　正等测图的形成

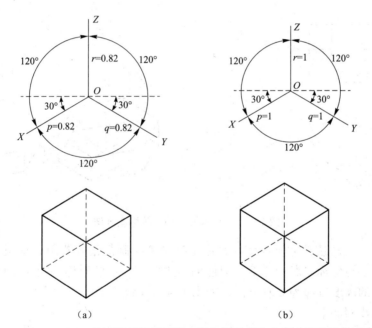

图 1-4-5　正等测投影的轴测轴、轴间角和轴向变形系数的简化
（a）简化前；（b）简化后

作正等测图时，一般使 OZ 轴成垂直位置，使 OX 和 OY 轴画成与水平线成 $30°$。

做一做

识读台阶的正投影图，想象台阶的空间形状，在正投影图上确定坐标轴，绘制轴测轴。

步骤二　选择合适的方法绘制台阶的正等测图

相关知识

轴测图常用的基本作图方法有坐标法、切割法、叠加法和综合法。坐标法是根据形体上各点坐标值，确定它们在轴测图中的位置后再连线。对于基本体和切割式组合体的轴测图一般适宜用坐标法绘制。叠加法是先作出一个形体的轴测图，然后根据形体各部分的相对位置逐次作出它们的轴测投影。对于叠加式组合体的轴测图一般适宜用叠加法绘制。切割法是根据形体的切割方法，先作出形体的被切割前的轴测投影，然后作出切割后部分的轴测投影。对于切割式组合体的轴测图一般适宜用切割法绘制。综合法是用叠加法和切割法进行综合作图，绘制形体的轴测投影。对于既有叠加又有切割的组合体的轴测图一般适宜用综合法绘制。

正等测图的绘制方法同样遵循轴测图常用的基本作图方法。如图 1-4-6（a）所示的正六棱柱，可用坐标法画出其正等测轴测图。

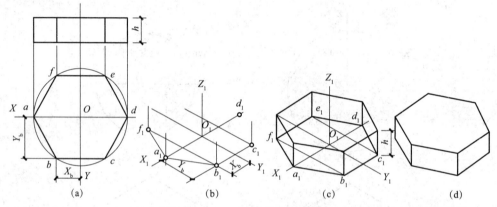

图 1-4-6　正六棱柱的正等测图画法

分析：正六棱柱为基本体，宜用坐标法来绘制其正等测图。将正六棱柱下底面的中心与坐标原点 O 重合，以底面六边形 $abcdef$ 的对称轴线为 X 轴和 Y 轴，以六棱柱的高度方向为 Z 轴方向，如图 1-4-6（a）所示。

作图步骤如下：

（1）画出正等测图的轴测轴 O_1X_1、O_1Y_1、O_1Z_1，如图 1-4-6（b）所示。

（2）根据 a 点和 d 点的坐标值，在 X_1 轴上直接量取得到 a_1 点、d_1 点。根据点 b 的坐标值 X_b 和 Y_b，作出其轴测投影 b_1，如图 1-4-6（b）所示。

（3）作出 b_1 点与 X_1、Y_1 轴对应的对称点 f_1、c_1 点，再根据 c_1 点作出 e_1 点，连接 $a_1b_1c_1d_1e_1f_1$ 即六棱柱下底面六边形的轴测图，如图 1-4-6（b）、（c）所示。

（4）由 a_1、b_1、c_1、d_1、e_1、f_1 点分别沿 Z 轴方向向上量取与正六棱柱高度相等的长度，找出上顶面的对应点并连线，如图 1-4-6（c）所示。

（5）擦去作图线和不可见线，加粗描深后，完成六棱柱正等测图，如图 1-4-6（d）所示。

如图 1-4-7（a）所示的形体，可用切割法绘制其正等测图。

分析：该形体可看成是由四棱柱切割而成，用切割法来作其正等测图。

作图步骤如下：

（1）画长、宽、高分别为 L_1、B_1、H_1 的四棱柱的轴测图，如图 1-4-7（b）所示。

（2）切割前上角，如图 1-4-7（b）所示。

（3）切割左上角，如图 1-4-7（c）所示。

（4）完成作图，如图 1-4-7（d）所示。

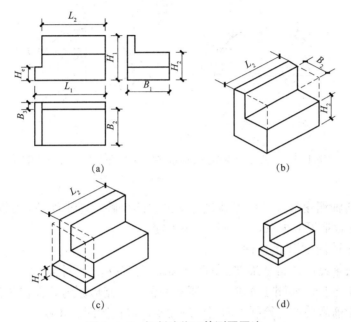

图 1-4-7　切割法作正等测图画法

台阶的正等测图可用什么方法绘制？

做一做

分析台阶的形体特点，绘制其正等测图并和组内同学进行交流、讨论。

步骤三　绘制台阶的斜二测图

相关知识

一、正面斜轴测图

1. 正面斜轴测图的形成

先将形体放置成使它的 XOZ 坐标面平行于轴测投影面，然后用斜投影的方法向轴测投影面进行投影，用这种方法画出的轴测图称为正面斜轴测图。正面斜轴测图可分为正面斜等测图和正面斜二测图。

2．正面斜轴测图的轴间角和轴向伸缩系数

由于 XOZ 坐标面平行于轴测坐标面，所以正面斜轴测投影的两个坐标轴 O_1X_1、O_1Z_1 互相垂直，轴向伸缩系数 $p = r = 1$，O_1Y_1 轴与 O_1X_1、O_1Z_1 轴成 $135°$ 角。正面斜等测图的轴向变形系数 $q = 1$，正面斜二测图的轴向伸缩系数 $q = 0.5$，如图 1-4-8 所示。

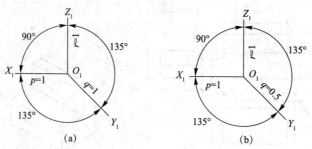

图 1-4-8　正面斜轴测图的轴测轴、轴间角和轴向伸缩系数

(a) 正面斜等测；(b) 正面斜二测

正面斜轴测图最大的优点就是正面形状能反映形体正面的真实形状，特别是当形体正面有圆和圆弧时，画图简单方便。

3．正面斜轴测图的画法

正面斜轴测图通常从最前面的面开始，在 $X_1O_1Z_1$ 轴测面上确定形状，沿 Y_1 轴方向分层定位。如图 1-4-9（a）所示的台阶，此形体为后方带花台的台阶，花台和踏步前后叠加。绘制正面斜等测图时可以按照图 1-4-9（b）、（c）、（d）所示的步骤进行。

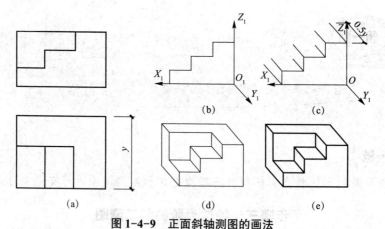

图 1-4-9　正面斜轴测图的画法

(a) 正投影图；(b) 按实形画出前面；(c) 平行 Y_1 方向加宽；
(d) 画出中间和后面的轮廓线；(e) 整理，加深

二、水平斜轴测图

1．水平斜轴测图的形成

如图 1-4-10（a）所示，保持形体与投影面的位置不变，当轴测投影的 P

平面与水平投影面 H 平行或重合时，所得的轴测图被称为水平斜轴测图。水平斜轴测图可分为水平斜等测图和水平斜二测图。

在建筑工程图中，习惯上将 OZ 轴竖直放置，如图 1-4-10（b）、（c）所示。

2. 水平斜轴测图的画法

水平斜轴测图的轴测轴 O_1X_1 与 O_1Y_1 的伸缩系数 $P = q = 1$，轴间角 $\angle X_1O_1Y_1 = 90°$（反映坐标轴 OX 与 OY 的实形）。O_1Z_1 轴的伸缩系数：水平斜等测图 $r = 1$，水平斜二测图 $r = 0.5$。O_1X_1、O_1Y_1 轴与水平线夹角为 30°、45° 和 60°，如图 1-4-10（b）、（c）所示。

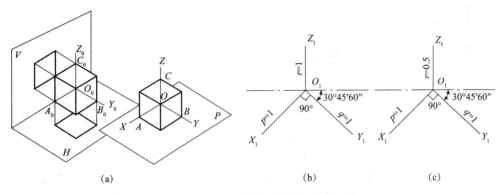

（a）

（b）

（c）

图 1-4-10 水平斜轴测图的形成与轴测轴

（a）水平斜轴测图的形成；（b）水平斜等测轴测轴；（c）水平斜二测轴测轴

在建筑工程上，常采用水平斜轴测图表达房屋的水平剖面形状或一个小区的鸟瞰图。图 1-4-11 所示为房屋被水平剖切平面剖切后，将房屋的下半部分画成水平斜轴测图。

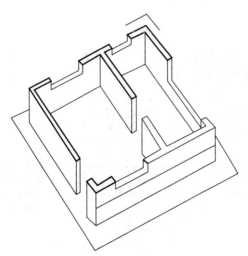

图 1-4-11 房屋水平斜轴测图

 做一做

绘制台阶的正面斜二测图。

作圆的轴测图采用四心法。下面以作圆的正等测图为例说明具体画图步骤：

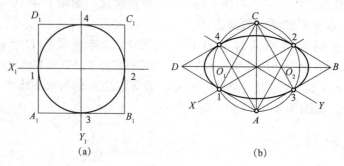

（a）　　　　　　　　　（b）

多学一点

（1）作圆的外切正方形 $ABCD$，得切点 1、2、3、4，定坐标原点和坐标轴，如图（a）所示。

（2）作轴测轴 X、Y，作出四个切点的轴测图 1、2、3、4，并过 1、2、3、4 分别作 X、Y 轴的平行线，得外切正方形的轴测图 $ABCD$。

（3）连接 A_4 和 C_1 得交点 O_1，连接 A_2 和 C_3 得交点 O_2。

（4）以 A 为圆心，以 A_4（或 A_2）为半径作圆弧 42，以 C 为圆心，以 C_1（或 C_3）为半径作圆弧 13；以 O_1 为圆心，以 O_1（或 O_4）为半径作圆弧 41，以 O_2 为圆心，以 O_2（或 O_3）为半径作圆弧 23，连接光滑后即轴测椭圆，如图（b）所示。

笔记

巩固与训练

一、知识巩固

对照图 1-4-12，梳理自己所掌握的知识体系，并与同学相互交流、研讨个人对某些知识点或技能技巧的理解。

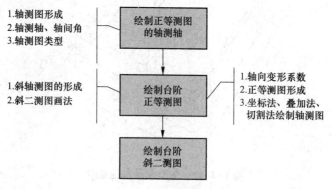

图 1-4-12　知识脉络

二、自学训练

（1）根据任务 1.4 的工作步骤及方法，利用所学知识，绘制图 1-4-13 所示形体的正等测图。

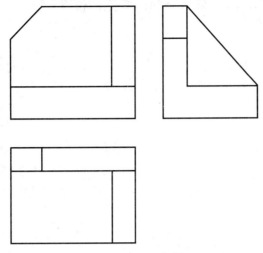

图 1-4-13　三视图

（2）根据任务 1.4 的工作步骤及方法，利用所学知识，绘制图 1-4-14 所示形体的斜二测图。

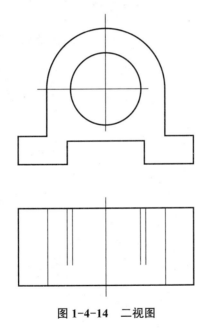

图 1-4-14　二视图

项目一学习成果

选择一套实际工程图纸，识读其室外台阶，按照制图标准选择适当比例和图幅绘制台阶的三面投影图及台阶的剖面图。

项目一学习成果评价表

项目名称：建筑形体表达　　　　　　　　　　　　　　　　　　考核日期：

成果名称	台阶的三面投影图、剖面图	内容要求	符合制图标准，比例图幅适当，图纸识读正确，线型分明、均匀
考核项目	分值	自评	考核要点
制图标准	25		图幅、比例、线型、尺寸标注是否符合制图标准
台阶图纸识读	15		正确读取图纸中台阶相关信息
图样绘制正确	30		能够正确表达台阶的投影图、剖面图
布局合理图纸整洁	15		布局是否合理，图面是否整洁
线型分明图纸美观	15		线型使用正确，线型分明、图纸美观
小计	100		
考核人员	分值	评分	
（指导）教师评价	100		根据学生完成情况进行考核，建议教师主要通过肯定成绩引导学生，同时对于存在的问题要反馈给学生
小组互评	100		主要从知识掌握、小组活动参与度等方面给予中肯评价
总评	100		总评成绩＝自评成绩×30％＋指导教师评价×50％＋小组评价×20％

项目二　建筑构造图识读

项目导入

建筑的构造组成与分类

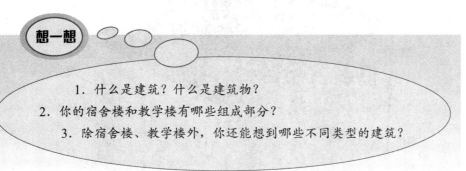

想一想

1. 什么是建筑？什么是建筑物？

2. 你的宿舍楼和教学楼有哪些组成部分？

3. 除宿舍楼、教学楼外，你还能想到哪些不同类型的建筑？

一、建筑的构造组成

建筑是建筑物和构筑物的总称。建筑物是由若干个大小不等的室内空间组合而成的，而空间的形成又需要各种各样实体来组合，这些实体称为建筑构配件。一般民用建筑由基础、墙或柱、楼地层、楼梯、屋顶、门窗等主要构配件组成（图2-0-1）。建筑物除上述基本组成部分外，还有一些其他的配件和设施，如阳台、雨篷、烟道、通风道、散水、勒脚等，如图2-0-2所示。

（1）基础：基础是建筑物最下面埋在土层中的部分。其承受建筑物的全部荷载，并将荷载传递给下面的土层——地基。

（2）墙或柱：对于墙承重结构的建筑来说，墙承受屋顶和楼地层传递给它的荷载，并将这些荷载连同自重传递给基础；当建筑物采用梁柱承重时，墙体主要起分隔作用。外墙还有围护的功能，抵御风、雨、雪、温差变化等对室内的影响。

（3）楼地层：楼地层是楼板层与地坪层的总称。楼板层是建筑物的水平承重构件，同时，将建筑空间在垂直方向划分为若干层，并对墙或柱起水平支撑作用。地坪层是指首层室内地坪，承受上部荷载并传递给地基。

（4）楼梯：楼梯是楼房建筑中联系上下各层的垂直交通设施，供人们上下楼层和紧急疏散使用。

（5）屋顶：屋顶是建筑物顶部的承重和围护部分。其承受作用在其上的风、雨、雪等的荷载并传递给墙或柱，同时，屋顶形式对建筑物的整体形象起着重要的作用。

（6）门窗：门的主要作用是供人们进出和搬运家具、设备，紧急时起疏散

笔记

作用，有时兼起采光、通风作用；窗的作用主要是采光、通风和供人眺望。

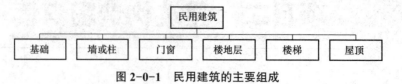

图 2-0-1　民用建筑的主要组成

图 2-0-2　民用建筑的组成

二、建筑的分类

（1）建筑按功能划分，可分为民用建筑、工业建筑和农业建筑，如图 2-0-3 所示。

图 2-0-3　建筑按功能分类

民用建筑是指供人们工作、学习、生活、居住用的建筑物。其包括居住建筑和公共建筑。

1）居住建筑：是指供人们居住使用的建筑，如住宅、宿舍、公寓等。

2）公共建筑：是指供人们进行各种公共活动的建筑，如行政办公建筑、文教建筑、科研建筑、托幼建筑、医疗建筑、商业建筑、生活服务建筑、旅游建筑、体育建筑、展览建筑、交通建筑、通信建筑、娱乐建筑、园林建筑、纪念建筑等。

同时具备两个或两个以上功能的建筑一般称为综合建筑。

（2）建筑按高度和层数分类情况如图 2-0-4 所示。

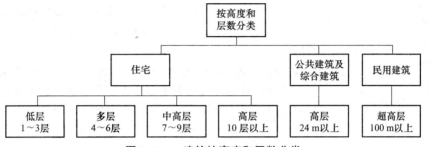

图 2-0-4　建筑按高度和层数分类

（3）建筑按承重结构的材料划分，可分为木结构、砖混结构、钢筋混凝土结构、钢结构，如图 2-0-5 所示。

图 2-0-5　建筑按承重结构材料分类

（4）建筑按结构类型划分，可分为墙承重结构、框架结构、内框架结构、框架-剪力墙结构、筒体结构、空间结构等，如图 2-0-6 所示。

图 2-0-6　建筑按结构类型分类

三、建筑的等级划分

1．按设计使用年限分类

建筑按设计使用年限划分可分为四类，见表 2-0-1。

表 2-0-1　建筑的设计使用年限分类

类别	设计使用年限/年	示例
1	5	临时性建筑
2	25	易于替换结构构件的建筑
3	50	普通建筑和构筑物
4	100	纪念性建筑和特别重要的建筑

2．按耐火性能分类

根据建筑物主要构件的燃烧性能和耐火极限，民用建筑的耐火等级可分为四级，一级最高，四级最低。

1．燃烧性能：是指建筑构件在明火或高温作用下是否燃烧，以及燃烧的难易程度。建筑构件按燃烧性能划分，可分为不燃烧体（如砖、石、钢筋混凝土、金属等）、难燃烧体（如沥青混凝土、板条抹灰、水泥刨花板、经防火处理的木材等）和燃烧体（如木材、胶合板等）。

2．耐火极限：在标准耐火试验条件下，建筑构件、配件或结构从受到火的作用时起，到失去承载能力、完整性或隔热性时止所用的时间，称为该构件的耐火极限，单位为小时（h）。

做一做

1．观察身边的建筑，与组内同学交流、讨论其主要的组成部分有哪些。
2．观察身边的建筑，按照建筑分类的方法将它们一一归类。
3．阅读附录图纸中的建筑设计说明，看该工程属于何种类型。

任务2.1　基础构造图识读

任务学习目标

通过本任务的学习，学生实现以下目标：
□ 了解地基和基础的概念；
□ 熟悉基础平面图的形成与图示内容、图示方法；
□ 能够初步识读基础平面图；
□ 能够从基础详图识读基础的构造。

任务描述

一、任务内容

识读附录结构施工图中的基础平面图和基础详图，撰写一份基础图识读报告。其内容包括基础符号、基础类型、平面布置、基础埋深、基础平面和标高尺寸、材料与配筋要求等。

二、实施条件

（1）学生公寓结构施工图中的基础平面图和基础详图。
（2）A4纸若干。

程序与方法

步骤一　识读图名与比例

网络
空间

思政小课堂：基础
施工图

相关知识

一、地基与基础

基础是建筑物最下面的承重构件，其直接与土层相接触，承受建筑物的全部荷载，并将这些荷载传递给地基。

地基是基础下面承受建筑物全部荷载的土层。

如果天然土层具有足够的承载力，不需要经过人工改良和加固，则称为天然地基；如果天然土层的承载力相对较弱，必须对其进行人工加固以提高其承载力，并应满足变形要求，则称为人工地基。人工地基的处理方法有压实法、换土法、挤密法和化学加固法等。

想一想

1. 地基与基础的区别是什么？
2. 人们通常将事物的根本或起点称之为"基础"。建筑物的基础起什么作用，基础可以怎样来做？

笔记

二、基础平面图和详图

基础平面图是在基础未回填土前假想用一水平剖切面，沿建筑物底层地面（即 ±0.000）将其剖开，移去剖切面以上的部分，将剩下部分向 H 面作正投影得到的投影图。

基础平面图表达基础的平面布置情况及剖切到的墙柱及可见的基础轮廓。在基础平面图中，只画出墙柱及基础底面的外轮廓线，基础的细部轮廓可省略不画。基础平面图中画出与建筑平面图一致的轴线网；被剖到的墙柱的轮廓线用粗实线表示，基础边线用细实线画出；在基础内留有的孔、洞及管沟位置用细虚线画出。

基础剖面或断面详图是用假想的剖切平面将基础从上到下垂直切开画出的剖面图或断面图。如果基础是对称的，则需要经过基础轴线进行剖切，主要表示基础的断面形状、尺寸、材料、构造及基础埋深等，是基础施工的主要依据。

> **提示**　关于轴线的相关知识请查阅任务 3.2 步骤三相关内容。

做一做

查阅附录图纸结构施工图中的基础平面图和详图，想象其形成过程，小组讨论并表述图中包括哪几个方面的内容。

步骤二　识读基础类型和平面布置

相关知识

一、基础按材料及受力特点分类

基础按材料及其受力特点划分，可分为无筋扩展基础和扩展基础。

1．无筋扩展基础

无筋扩展基础是指用砖、石、灰土、混凝土等这类抗压强度高，而抗拉、抗剪强度较低的材料所做的基础，当基础做得宽而薄时，底面容易因受拉而出现裂缝。

无筋扩展基础在增加基础底面宽度时，必须同时增加基础高度，故其消耗的材料较多，不经济。它一般适用于上部荷载较小、地基承载力较好的中小型建筑。

2．扩展基础

扩展基础是指柱下或墙下的钢筋混凝土基础。由于钢筋混凝土基础下部配置了钢筋来承受底面的拉力，所以基础可以做得宽而薄，一般为扁锥形，端部最薄处的厚度不宜小于200 mm。基础中受力钢筋的数量应通过计算确定，但钢筋直径不宜小于8 mm，间距不宜大于200 mm。

混凝土的强度等级不宜低于C20。为了使基础底面能够均匀传力和便于配置钢筋，基础下面一般用强度等级为C10的混凝土做垫层，厚度宜为50～100 mm，如图2-1-1所示。

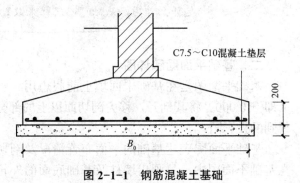

图 2-1-1　钢筋混凝土基础

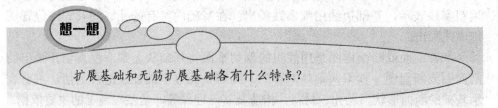

想一想

扩展基础和无筋扩展基础各有什么特点？

二、基础按构造形式分类

基础按构造形式划分，可分为条形基础、独立基础、筏形基础、箱形基础和桩基础等，如图2-1-2所示。

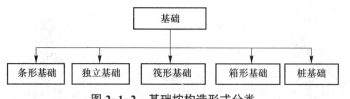

图 2-1-2　基础按构造形式分类

1．条形基础

基础为连续的长条形状时称为条形基础。条形基础一般用于墙下，也可用于柱下，如图 2-1-3 所示。图 2-1-4 所示为条形基础施工。

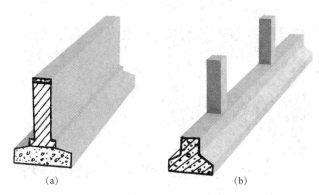

（a）　　　　　　　　　（b）

图 2-1-3　条形基础

（a）墙下条形基础；（b）柱下条形基础

图 2-1-4　条形基础施工

2．独立基础

当建筑物上部采用柱承重，且柱距较大时，将柱下扩大形成扩大头，即独立基础。独立基础的形状有阶梯形、锥形和杯形等，如图 2-1-5 所示。图 2-1-6 所示为独立基础施工。

当建筑物上部为墙承重结构，并且基础要求埋深较大时，为了避免开挖土方量过大和便于穿越管道，墙下可采用独立基础，如图 2-1-7 所示。上面设置基础梁来支撑墙体。

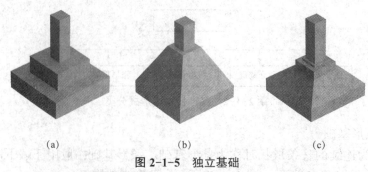

图 2-1-5　独立基础

（a）阶梯形；（b）锥形；（c）杯形

图 2-1-6　独立基础施工

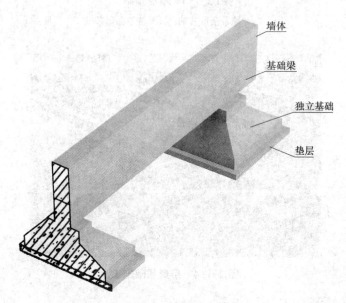

墙体

基础梁

独立基础

垫层

图 2-1-7　墙下独立基础

3．筏形基础

当建筑物上部荷载较大，地基承载力相对较低，基础底面积占建筑物平面面积的比例较大时，可将基础连成整片，像筏板一样，称为筏形基础。筏形基础可用于墙下和柱下，有板式和梁板式两种，如图 2-1-8 所示。筏形基础施工如图 2-1-9 所示。

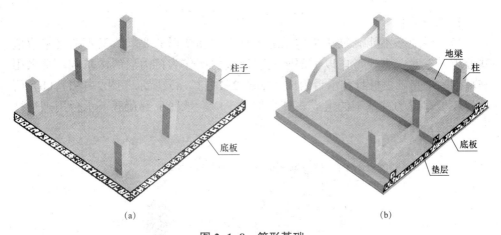

(a)   (b)

图 2-1-8 筏形基础

（a）板式筏形基础；（b）梁板式筏形基础

图 2-1-9 筏形基础施工

4. 箱形基础

当建筑物荷载大或浅层地质情况较差，为了提高建筑物的整体刚度和稳定性，基础必须深埋，这时常将钢筋混凝土顶板、底板、外墙和一定数量的内墙组成刚度较大的盒状基础，称为箱形基础，如图 2-1-10 所示。

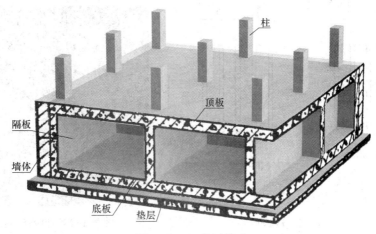

图 2-1-10 箱形基础

5．桩基础

当浅层地基不能满足建筑物对地基承载力和变形的要求，又不适宜采取地基处理措施时，就要考虑以下部坚实土层或岩层作为持力层的深基础，常采用桩基础。桩基础由桩身和承台组成，如图 2-1-11（a）所示。图 2-1-11（b）所示为三桩布置的桩基础的组成。桩身伸入土中，承受上部荷载，承台用来连接上部结构和桩身。

笔记

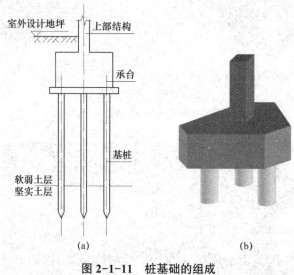

图 2-1-11　桩基础的组成

（a）桩基础；（b）三桩桩基础

桩基础的种类很多，按照桩身的受力特点划分可分为摩擦桩和端承桩，如图 2-1-12 所示；按桩的制作方法划分可分为预制桩和灌注桩。桩基础的施工如图 2-1-13 所示。

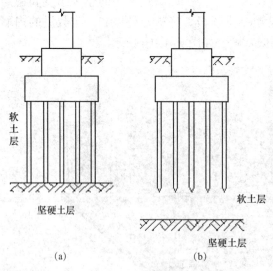

图 2-1-12　桩基础

（a）端承桩；（b）摩擦桩

图 2-1-13　桩基础施工

想一想

条形基础、独立基础、筏形基础、箱形基础、桩基础各有什么优缺点?

 做一做

1. 查阅附录学生公寓图纸中的基础平面图,识读图中基础的类型。

2. 附录学生公寓图中承台的形式有哪几种?组内同学交流、讨论承台种类及承台的布置情况。

步骤三 识读基础构造

相关知识

一、基础构造的整体表达

基础构造包括基础各部分的形状、尺寸、材料、配筋等。各种基础的图示方法不同,条形基础采用垂直剖视图;独立基础详图采用垂直断面图和平面图。基础断面除钢筋混凝土材料外,其他材料宜画出材料图例符号。钢筋混凝土独立基础除画出基础的断面图外,还要画出基础的平面图,并在平面图中采用局部剖面表达底板配筋。基础详图的轮廓线用中实线绘制。

二、钢筋的表示

在结构施工图中,钢筋的绘制和表达应符合现行《建筑结构制图标准》(GB/T 50105—2010)的规定。钢筋用单根粗实线表示,钢筋断面用小黑点表示。

不同种类和级别的钢筋、钢丝在结构施工图中用不同的符号表示,详见表 2-1-1。

表 2-1-1 钢筋的种类和符号

序号	牌号	符号	种类	强度等级
1	HPB300	Φ	热轧光圆钢筋	300 MPa
2	HRB335	Φ	热轧带肋钢筋	335 MPa
3	HRB400	Φ	热轧带肋钢筋	400 MPa
4	HRB500	Φ	普通热轧带肋钢筋	500 MPa

钢筋的标注包括钢筋的编号、数量、间距、代号、直径及所在位置,通常沿钢筋的长度标注或标注在有关钢筋的引出线上。钢筋的标注形式如图 2-1-14 所示。

笔记

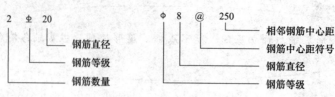

标注钢筋等级、等级和直径	标注钢筋的等级、直径和中心距

2 Φ 20
　　├─ 钢筋直径
　├─── 钢筋等级
└───── 钢筋数量

Φ 8 @ 250
　　　　　└─ 相邻钢筋中心距
　　　└──── 钢筋中心距符号
　└─────── 钢筋直径
└───────── 钢筋等级

图 2-1-14　钢筋的标注形式

 做一做

认真识读附录图纸中的基础平面图与详图，完成基础构造的识图记录。

步骤四　识读标高

相关知识

一、标高的分类

标高是用来标注建筑物各部分高度的一种尺寸形式。标高可分为绝对标高、相对标高、建筑标高和结构标高。

（1）绝对标高：以我国青岛市外的黄海海平面为高度基准，所确定的各处的高度即绝对标高。绝对标高一般在建筑总平面图中，用来标注室外地坪的高度。

（2）相对标高：相对于选定的某一基准面的高度为相对标高。选定的基准面应根据工程需要来确定，建筑工程通常以建筑物室内底层主要地面作为相对标高的基准面。

（3）建筑标高：是指建筑物各部分在完成装修层之后，装修层表面的相对标高。

（4）结构标高：建筑物在做装修层之前，各部分结构表面的相对标高。

二、标高的标注

（1）标高符号应以高度为 3 mm 的等腰直角三角形表示，用细实线绘制，如图 2-1-15（a）所示，如标注位置不够，也可按图 2-1-15（b）所示的形式绘制。标高符号的具体画法如图 2-1-15（c）、（d）所示。

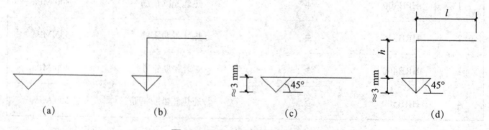

　(a)　　　　　(b)　　　　　(c)　　　　　(d)

图 2-1-15　标高符号的画法

l—取适当长度注写标高数字；h—根据需要取适当高度

（2）标高符号的尖端应指至被标注高度的位置，尖端可向下，也可向上。标高数字应注写在标高符号的上侧或下侧，如图2-1-16（a）所示。

（3）标高数字以"m"为单位，注写到小数点后第三位。

（4）选定的相对标高的基准面标高为零点标高，零点标高应注写成±0.000。高于零点标高的为正标高，正标高标高数字前的"＋"号一般省略；低于零点标高的为负标高，负标高标高数字前须注写"－"号。

（5）当一个图样代表不同高度的相同做法时，在图样的同一位置需要表示几个不同的标高，标高数字如图2-1-16（b）所示。

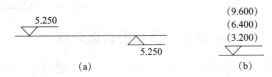

图2-1-16　标高符号的应用

（a）标高的指向；（b）同一位置注写多个标高数字

三、基础详图中的标高

基础详图中的标高主要包括基底标高、室内外地坪标高、防潮层的标高等。

室外设计地面到基础底面的距离称为基础的埋置深度，简称基础埋深，如图2-1-17所示。基础埋深大于5 m的称为深基础，埋深小于5 m的称为浅基础。一般来说，基础的埋置深度越浅，基坑土方开挖量就越小，基础材料用量也越少，工程造价就越低，但当基础的埋置深度过小时，基础底面的土层受到压力后会将基础周围的土挤走，使基础产生滑移而失去稳定，同时基础埋得过浅还容易受外界各种不良因素如地面水、地表杂质等的影响，所以，基础的埋置深度最浅不能浅于500 mm。

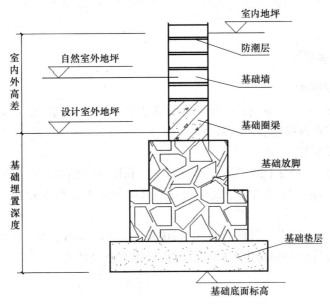

图2-1-17　基础的埋深图

做一做

1. 识读附录结构施工图中的基础详图，记录基础的各部位标高，并在组内讨论交流。

2. 根据基础埋深的概念识读附录结构施工图中的基础埋深是多少，并与组内同学交流。

> **提示**　桩基础的埋深指的是室外设计地坪到承台底的垂直高度，而从承台底到下部桩尖的距离叫作桩长。

步骤五　基础图识读分析

识读基础图重点识读以下七个方面的内容，以便对不合理的地方及基础施工提出合理化建议，保证工程质量：

（1）基础部分说明。了解基础类型、材料、构造要求及有关基础施工要求。

（2）轴网尺寸。检查轴线、轴号及尺寸与建筑平面图是否一致。

（3）基础的编号、尺寸及定位。应检查基础与墙柱的位置关系。

（4）详图名称。重点查看各详图在所对应的平面布置图中的位置。

（5）检查断面剖切符号是否齐全，基础详图是否正确，有无遗漏。

（6）检查基础的尺寸及配筋有无错误和遗漏。

（7）基础顶面、底面及特殊部位的标高。

做一做

根据以上几个步骤中学到的内容对基础平面图及基础详图的识读方法进行分析总结，对基础图的表达内容进行归纳和总结，撰写识读报告。

巩固与训练

一、知识巩固

对照图 2-1-18，梳理自己所掌握的知识体系，并与同学相互交流、研讨个人对某些知识点或技能技巧的理解。

二、自学训练

（1）根据任务 2.1 的工作步骤及方法，利用所学知识，自主识读附录中住宅的基础施工图，与组内同学交流该住宅基础的类型、平面布置、基础的构造等，并做好识图记录。

（2）查阅《建筑设计防火规范（2018 年版）》（GB 50016—2014），了解不同耐火性能等级的建筑主要构件的耐火极限和燃烧性能。

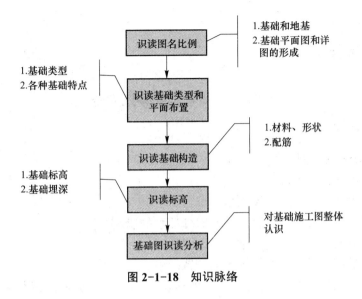

图 2-1-18　知识脉络

任务 2.2　墙体构造图识读

任务学习目标

通过本任务的学习，学生实现以下目标：

☐ 了解墙体的类型；

☐ 熟悉墙体的基本构造要求和细部构造；

☐ 能正确识读图纸中的墙体说明和墙身详图。

任务描述

一、任务内容

识读附录图纸建筑施工图中的墙身详图，撰写墙身详图识读报告。其内容包括墙身轴线，墙体材料，散水、勒脚、窗台、过梁、圈梁等细部构造做法，以及各部分标高和墙身细部的具体尺寸等。

二、实施条件

（1）墙身剖面详图。

（2）相关标准图集。

（3）A4 纸若干。

程序与方法

步骤一 识读详图轴线编号

相关知识

一、墙体的类型

1. 按墙体的位置和方向分类

（1）内墙：位于建筑物内部的墙。

（2）外墙：位于建筑物四周与室外接触的墙。

（3）纵墙：沿建筑物长轴方向布置的墙。

（4）横墙：沿建筑物短轴方向布置的墙。

（5）外横墙习惯上称为山墙；外纵墙习惯上称为檐墙；窗与窗、窗与门之间的墙称为窗间墙；窗洞口下部的墙称为窗下墙；屋顶上部的墙称为女儿墙，如图 2-2-1 所示。

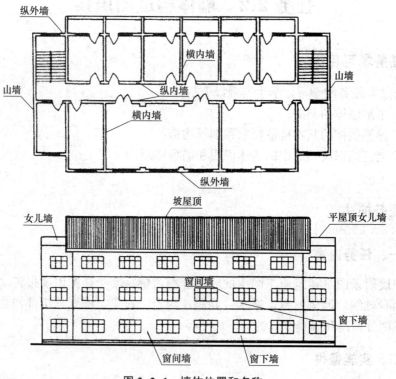

图 2-2-1 墙体位置和名称

2. 按墙体的受力情况分类

（1）承重墙：凡承受上部屋顶、楼板、梁传来的荷载的墙称为承重墙。

（2）非承重墙：凡不承受屋顶、楼板、梁传来荷载的墙均是非承重墙。非承重墙包括以下几种：

1）框架填充墙：在框架结构中，填充在框架中间的墙。

2）隔墙：仅起分隔空间，自身质量由楼板或梁承担的墙。

3）幕墙：悬挂在建筑物主体结构外侧，主要起围护和装饰建筑立面作用的墙。

 做一做

观察身边建筑物的墙体，举例说明它们属于何种类型的墙体。

二、墙身详图的形成

施工图中的部分图形或某一构件，由于比例较小或细部构造较复杂，无法表示清楚时，通常要将这些图形和构件用较大的比例放大画出，这种放大后的图就称为详图，又称节点大样图。墙身详图一般为外墙详图。外墙详图是用假想的垂直剖切平面在外墙门窗洞口处剖切所做的剖面图。

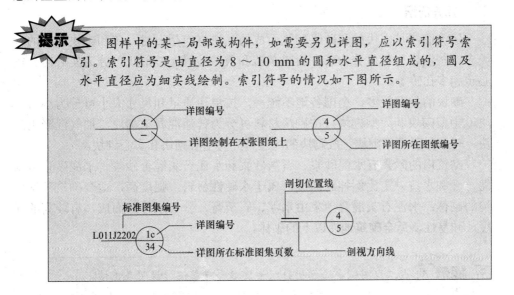

提示 图样中的某一局部或构件，如需要另见详图，应以索引符号索引。索引符号是由直径为 8～10 mm 的圆和水平直径组成的，圆及水平直径应为细实线绘制。索引符号的情况如下图所示。

三、墙身详图的轴线编号

对于墙身详图上的轴线编号，若该详图同时适用多根定位轴线处的墙体，则应同时注明各有关轴线的编号；通用详图的定位轴线只画圆不注写编号，如图 2-2-2 所示。

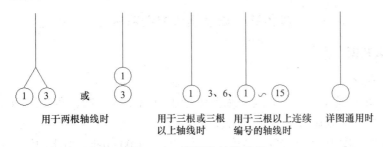

图 2-2-2 详图的轴线编号

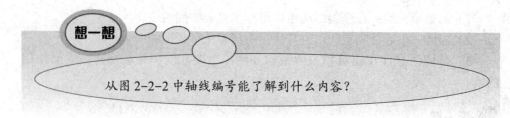

想一想

从图 2-2-2 中轴线编号能了解到什么内容？

做一做

识读图 2-2-1 所示墙身详图的轴线编号，了解该详图表达的是哪个轴线处墙体的构造。

步骤二　识读墙体材料

相关知识

建筑墙体是由块材和砂浆砌筑而成的。块材包括石材、砖和砌块。砖的种类多，按制作材料可分为砖、粉煤灰砖和灰砂砖等；按形状可分为实心砖、空心砖和多孔砖等。

砌块的类型较多，全国各地不统一，按单块质量和尺寸大小可分为小型砌块、中型砌块和大型砌块；按砌块材料可分为普通混凝土砌块、加气混凝土砌块、轻骨料混凝土砌块；按砌块的构造可分为空心砌块和实心砌块。

砌筑用的砂浆有水泥砂浆、石灰砂浆和水泥石灰混合砂浆。水泥砂浆由水泥、砂和水按一定比例拌和而成，属于水硬性材料，强度高，适合砌筑潮湿环境的砌体；水泥石灰混合砂浆由水泥、石灰膏、砂加水拌和而成，有较高的强度、和易性，适合砌筑地面以上的砌体。

提示 工程图纸中墙体材料经常要结合建筑设计说明来识读。

网络空间

微课资源：墙身
详图

做一做

根据附录图纸中的墙身详图图例，结合建筑设计说明识读墙体材料，并与组内同学交流。

步骤三　识读墙体的细部构造

相关知识

一、散水

为了防止室外地面水、墙面水及屋檐水对墙基的侵蚀，将建筑物外墙四周与室外地坪相接处做成向外倾斜的坡面即散水。

散水的坡度为 3% ～ 5%，宽度一般为 600 ～ 1 000 mm。散水的做法通常有砖铺散水、块石散水、混凝土散水等，如图 2-2-3（a）所示。散水与外墙之间宜设缝，缝宽为 20 mm，并沿长度方向每隔 6 ～ 10 m 设置伸缩缝，缝内填嵌缝膏。

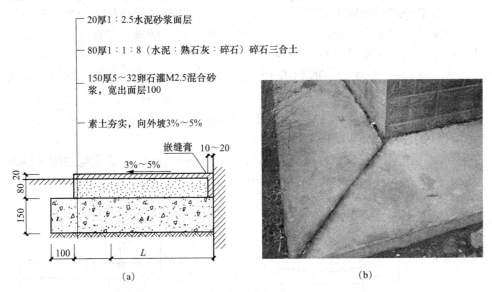

图 2-2-3　散水

当详图样中某些部位由于图形比例较小，其具体内容或要求无法标注时，常用引出线注出文字说明或详图索引符号。

引出线用细实线绘制，并宜用与水平方向成 30°、45°、60°、90° 的直线或经过上述角度再折为水平的折线。文字说明宜注写在水平线的上方或端部。

对多层构造部位加以说明，引出线必须通过说明的各层，文字说明编排次序应与构造层次保持一致（即垂直引出时，是由上到下注写；水平引出时，是从左到右注写），文字说明应注写在引出横线的上方或一侧。

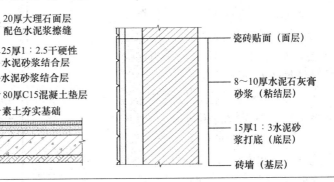

做一做

1．观察身边建筑物的散水，小组讨论、交流观察到的散水的构造。

2．识读附录图纸中散水的做法索引，查阅相应的图集，小组讨论、交流散水的做法、尺寸、坡度等。

二、墙身防潮层

墙身水平防潮层应沿着建筑物所有的内墙、外墙结构墙体一定高度连续设置。当室内地坪采用混凝土等不透水地面或垫层时，防潮层应设置在室内地坪以下 60 mm 处，其做法有以下两种：

（1）防水砂浆防潮：即利用 20 mm 厚 1∶2.5 的水泥砂浆（掺水泥量为 3%～5% 的防水剂）来防潮。防水砂浆是在水泥砂浆中掺入了约等于水泥质量 5% 的防水剂，防水剂与水泥混合凝结，能填充微小孔隙及堵塞、封闭毛细孔，从而阻断毛细水，如图 2-2-4（a）所示。

（2）钢筋混凝土防潮：在防潮层部位浇筑 60 mm 厚与墙等宽的细石混凝土带，内配 2Φ6 钢筋，如图 2-2-4（b）所示。

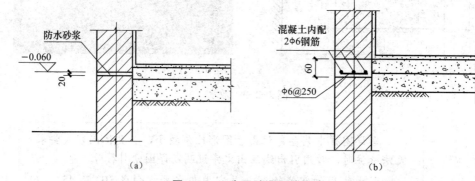

图 2-2-4　水平防潮层的构造

（a）防水砂浆防潮；（b）钢筋混凝土防潮

当墙身两侧地面标高不同时，较高一侧的墙面宜设置垂直防潮层，如图 2-2-5 所示。垂直防潮层具体做法有以下两种：

（1）防水砂浆防潮，做法与防水砂浆水平防潮层做法相同。

（2）先在墙面抹 20 mm 厚 1∶2.5 的水泥砂浆将墙面抹平，找平层干燥后涂刷聚氯乙烯防水涂料两道，待前一道干燥后再涂第二道，且两道的涂刷方向应相互垂直。

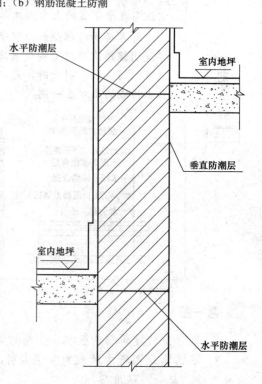

图 2-2-5　水平防潮层与垂直防潮层相结合

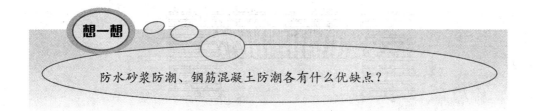

想一想

防水砂浆防潮、钢筋混凝土防潮各有什么优缺点？

做一做

识读附录图纸某一墙身详图中水平防潮层的位置，小组交流、讨论防潮层有哪几种做法。

三、窗台

窗台是窗洞下部的构造，位于室外的叫作外窗台，位于室内的叫作内窗台。

（1）外窗台的作用是排除窗外侧流下的雨水，防止雨水流入室内。外窗台的构造有悬挑窗台和不悬挑窗台两种。悬挑窗台应在下缘前端作滴水。

（2）内窗台可直接做抹灰层或铺大理石、预制水磨石、木窗台板等形成窗台面。

窗台的构造如图 2-2-6 所示。

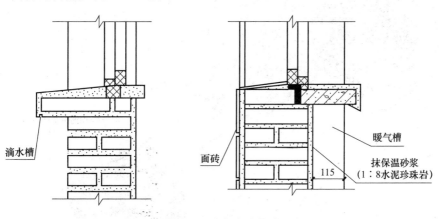

滴水槽

面砖

暖气槽

抹保温砂浆
（1∶8 水泥珍珠岩）

115

图 2-2-6　窗台的构造

做一做

1. 观察身边建筑物的窗台，介绍所观察到的窗台的构造做法。

2. 识读附录图纸墙身详图中的窗台做法，小组进行交流、讨论。

四、过梁

过梁是指设置在门窗洞口上部的横梁，用来承受洞口上部墙体传来的荷载，并传递给窗间墙。按照过梁的材料和构造形式划分，可分为砖拱过梁、钢筋砖过梁和钢筋混凝土过梁。

1. 砖拱过梁

砖拱过梁由普通砖侧砌和立砌形成。砖应为单数并对称于拱心砖向两边倾斜。灰缝呈上宽（不大于 15 mm）下窄（不小于 5 mm）的楔形，如图 2-2-7 所示。

笔记

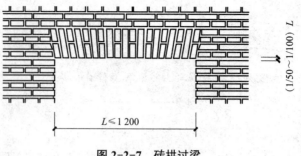

$(1/50 \sim 1/100)\, L$

$L \leqslant 1\,200$

图 2-2-7　砖拱过梁

2. 钢筋砖过梁

钢筋砖过梁是在门窗洞口上部的砂浆层内配置钢筋的平砌砖过梁。钢筋砖过梁砌法与砖墙相同，但须在第一皮砖下设置不小于 30 mm 厚的砂浆层，并在其中放置钢筋，钢筋的数量为每 120 mm 墙厚不少于 1φ6。钢筋两端伸入墙内 240 mm，并在端部做 60 mm 高的垂直弯钩，如图 2-2-8 所示。

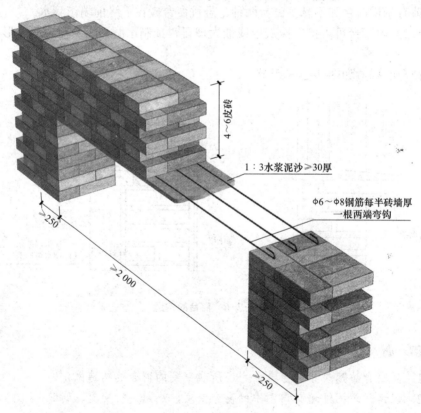

4～6皮砖

1：3水浆泥沙≥30厚

φ6～φ8钢筋每半砖墙厚
一根两端弯钩

≥250

≥2 000

≥250

图 2-2-8　钢筋砖过梁

3. 钢筋混凝土过梁

当门窗洞口跨度超过 2 m 或上部有集中荷载时，需要采用钢筋混凝土过梁。钢筋混凝土过梁有现浇和预制两种。

钢筋混凝土过梁的截面形状有矩形和 L 形，宽度等于墙厚，两端伸入墙内不小于 240 mm，如图 2-2-9 所示。图 2-2-10 所示为钢筋混凝土预制过梁。

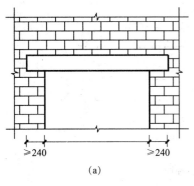

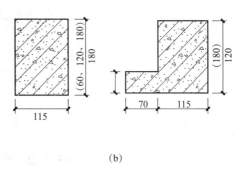

(a)   (b)

图 2-2-9　钢筋混凝土过梁

（a）过梁立面；（b）过梁的断面形状和尺寸

图 2-2-10　钢筋混凝土预制过梁

想一想

砖拱过梁、钢筋砖过梁、钢筋混凝土过梁各有什么优缺点？

五、圈梁

圈梁是沿建筑物的外墙、内纵墙和部分横墙设置的连续封闭的梁，用来加强房屋的空间刚度和整体性，防止由于基础不均匀沉降、振动荷载等引起的墙体开裂。

圈梁有钢筋混凝土圈梁和钢筋砖圈梁两种。圈梁高度应大于 120 mm，并在其中设置纵向钢筋和箍筋。圈梁应连续设置在同一水平面上，形成封闭状，如图 2-2-11 所示。当圈梁被门窗洞口截断时，应在洞口上部增设一道断面不小于圈梁的附加圈梁。附加圈梁的构造如图 2-2-12 所示。

图 2-2-11　圈梁

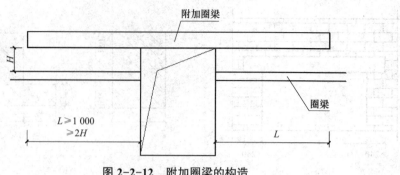

图2-2-12 附加圈梁的构造

网络空间

微课资源：砌体工艺

圈梁可以兼作过梁吗？反过来呢？

做一做

识读墙身详图中圈梁的位置、尺寸并记录，组内同学可相互交流。

六、构造柱

为增强建筑物的稳定性，墙长大于5 m时，墙顶与梁宜有拉结；墙长超过8 m或层高的2倍时，宜设置钢筋混凝土构造柱；墙高超过4 m时，墙体半高宜设置与柱连接且沿墙全长贯通的钢筋混凝土水平系梁。

构造柱应先砌墙后浇筑，墙与柱的连接处宜留出五进五出的大马牙槎，进出60 mm。加气砌块墙与主体结构柱、剪力墙及构造柱交接处，墙体应与上述结构构件拉结。一般情况下可沿墙全高每隔2皮砌块且高度不超过500 mm设置2φ6拉结筋（墙厚大于240 m时配置3φ6拉结筋）。拉结筋伸入墙体内的长度：抗震设防烈度为6度、7度时，宜沿墙全长贯通；8度时，应全长贯通；非抗震设防时，伸入墙内的长度不得小于700 mm。构造柱竖向钢筋不宜小于φ10，箍筋宜为φ6，如图2-2-13所示。

步骤四 识读标高和尺寸

识读室内外地坪、防潮层、各层楼面、屋面、窗台、圈梁或过梁等处的标高，以及墙身、散水、窗台、暖气槽等细部的具体尺寸。

步骤五 墙身详图识读分析

墙身详图的识读重点是详细掌握每个部位墙体的细部构造，检查墙体布置及定位尺寸标注是否有误，特别注意上下层变截面墙的定位，墙身、墙边缘构件标注是否有缺漏或者错误，从而在墙体施工之前就对墙体施工需要注意的问题做到心中有数。

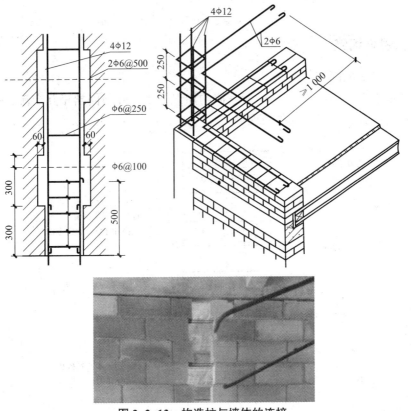

图 2-2-13　构造柱与墙体的连接

 做一做

　　整理以上各步骤识读内容，分析墙身详图的图示内容、图示方法，分析识读步骤和识读方法，总结归纳识读过程中需要注意的问题，撰写识读报告。

 识读墙身详图时，首先要阅读建筑设计说明中墙体部分；具体识读墙身详图前要对照详图符号弄清楚墙体的位置；识读墙身构造时一方面从墙身详图中根据图例识读，另一方面要结合设计说明识读。

 　　常见的隔墙有砌筑隔墙、轻骨架隔墙和板材隔墙。

　　砌筑隔墙是采用普通砖、空心砖、加气混凝土块等块状材料砌筑而成。轻骨架隔墙是用轻钢龙骨、木龙骨或型钢为骨架，在骨架两侧铺钉纸面石膏板、水泥刨花板、金属板等面板形成的隔墙。板材隔墙是采用工厂生产的轻质板材，如加气混凝土条板、石膏条板、碳化石灰板、石膏珍珠岩板及各种复合板直接安装，不依赖骨架的隔墙。

一、知识巩固

对照图 2-2-14，梳理自己所掌握的知识体系，并与同学相互交流、研讨个人对某些知识点或技能技巧的理解。

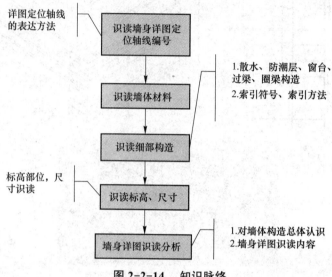

图 2-2-14　知识脉络

二、自学训练

（1）根据任务 2.2 的工作步骤及方法，利用所学知识，自主识读附录中学生公寓施工图中的墙身详图，与组内同学交流所识读的具体内容，每个小组完成一份识读报告。

（2）从网上查阅标准图集的相关知识，了解图集的种类和用途。

任务 2.3　门窗构造图识读

任务学习目标

通过本任务的学习，学生实现以下目标：

☐ 了解门窗的组成、分类；

☐ 熟悉门窗表的内容；

☐ 掌握门窗的平、立、剖面图画法和门窗编号；

☐ 能够正确识读图纸中的门窗详图和门窗表。

任务描述

一、任务内容

识读附录图纸建筑施工图中的门窗详图，结合门窗表，了解该工程的门窗情况，撰写一份识读报告。其内容包括门窗的类型、门窗的尺寸及编号、门窗的构造等。

二、实施条件

（1）建筑施工图中的建筑设计总说明、门窗表、门窗详图。

（2）A4 纸若干。

程序与方法

步骤一　识读图名

 相关知识

门窗详图有立面图、构造节点图和安装节点图等。

门窗立面图主要表达门窗的外形、开启方式和分扇情况。

一般立面图均为由外向内所得立面。门、窗扇向室外开者称外开；反之为内开。门窗立面图上开启方向为外开，用两条细斜实线表示；如用细斜虚线表示，则为内开。斜线开口端为门窗扇开启端，斜线相交端为安装铰链端。推拉门窗以箭头表示推拉方向。

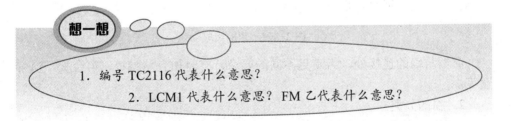

想一想

1. 编号 TC2116 代表什么意思？

2. LCM1 代表什么意思？FM 乙代表什么意思？

做一做

识读附录图纸中窗的详图，小组中相互介绍从图名中了解到的信息。

步骤二　识读门窗类型及编号

相关知识

建筑门窗是建筑围护结构的重要组成部分。门在建筑中的主要功能是交通、分隔、防盗，兼作通风、采光；窗的主要作用是通风、采光。

一、窗的组成与分类

1. 窗的组成

窗由窗樘（又称窗框）、窗扇和五金零件组成，如图 2-3-1 所示。

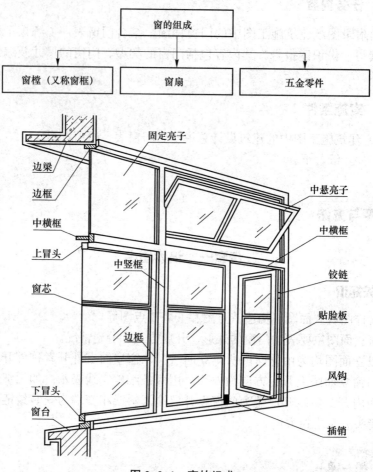

图 2-3-1　窗的组成

窗框与墙的连接处，为满足不同的要求，有时加有贴脸板、窗台板、窗帘盒等。

2. 窗的分类

（1）窗按窗框所用材料不同，可分为铝合金窗、塑料窗、木窗等，如图 2-3-2 所示。

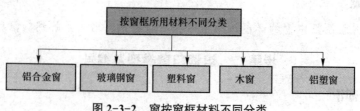

图 2-3-2　窗按窗框材料不同分类

（2）窗按开启方式不同，可分为平开窗、推拉窗等，如图 2-3-3 所示。窗的开启形式如图 2-3-4 所示。高层建筑应采用内开式窗，7 层及 7 层以上不允许采用外开平开窗。

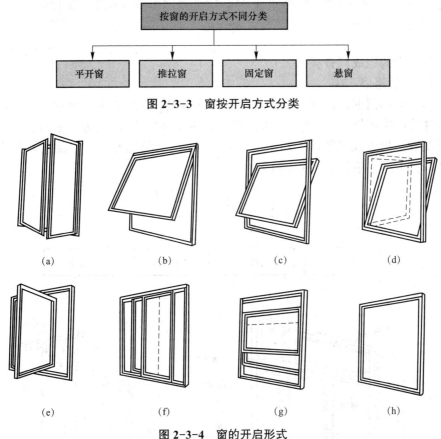

图 2-3-3　窗按开启方式分类

图 2-3-4　窗的开启形式

（a）平开窗；（b）上悬窗；（c）中悬窗；（d）下悬窗；
（e）立转窗；（f）推拉窗；（g）百叶窗；（h）固定窗

1）固定窗：将玻璃直接镶嵌在窗框上，不设可活动的窗扇。

2）平开窗：窗扇一侧用铰链与窗框相连，窗扇可向外或向内水平开启。

3）悬窗：窗扇绕水平轴转动的窗。按照旋转轴的位置不同，可分为上悬窗、中悬窗和下悬窗，常用作门上的亮子和不方便手动开启的高侧窗。

4）立转窗：窗扇绕垂直中轴转动的窗。

5）百叶窗：窗扇一般用塑料、金属或木材等制成小板材，与两侧框料相连接，有固定式和活动式两种。

6）推拉窗：窗扇沿着导轨或滑槽推拉开启的窗，有水平推拉窗和垂直推拉窗两种。

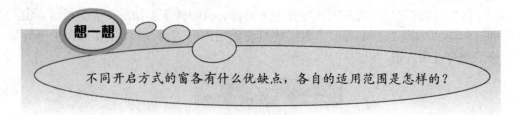

不同开启方式的窗各有什么优缺点，各自的适用范围是怎样的？

二、门的组成与分类

1. 门的组成

门一般由门框、门扇、五金零件及附件组成，如图 2-3-5 所示。门框是门与墙体的连接部分，由上框、边框、中横框和中竖框组成；门扇一般由上、中、下冒头和边梃组成骨架，中间固定门芯板；五金零件包括铰链、插销、拉手和门锁等；附件有贴脸板、筒子板等。

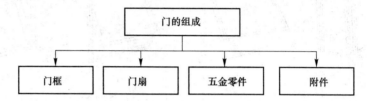

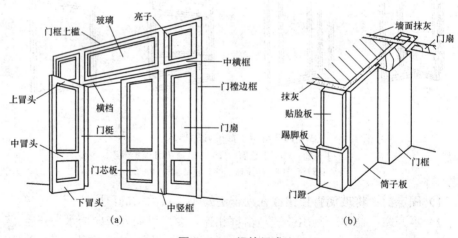

图 2-3-5　门的组成

（a）门的组成；（b）门套的组成

2. 门的分类

（1）门按在建筑物中所处的位置分类，如图 2-3-6 所示。

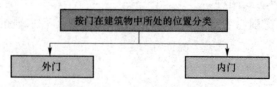

图 2-3-6　门按所处位置分类

1）外门：位于外墙上，应满足围护要求，如保温、隔热、防风沙、耐腐蚀等。

2）内门：位于内墙上，应满足分隔要求，如隔声、隔视线等。

（2）门按使用功能分类，如图 2-3-7 所示。

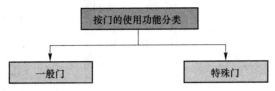

图 2-3-7　门按使用功能分类

特殊门是指具有特殊功能的门，构造复杂，一般用于对门有特别的使用要求处，如保温门、防盗门、防火门、防射线门等。

（3）门按门框料材质分类，如图 2-3-8 所示。

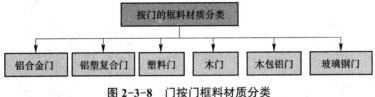

图 2-3-8　门按门框料材质分类

（4）门按门扇的开启方式分类如图 2-3-9 所示。不同开启方式的门如图 2-3-10 所示。

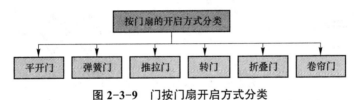

图 2-3-9　门按门扇开启方式分类

1）平开门：是指水平开启的门，铰链安装在侧边，有单扇、双扇、向内开、向外开之分。

2）弹簧门：形式同平开门，唯侧边采用弹簧铰链传动。开启后能自动关闭，多数为双扇玻璃门，能内外弹动。

3）推拉门：是沿设置在门上部或下部的轨道左右滑移的门。其可分为单扇或双扇，也可以藏在夹墙内或贴在墙面外。推拉门不应用于疏散门。

4）折叠门：为多扇折叠，可拼合折叠推移到侧边，传动方式简单的可以同平开门一样，只在门的侧边安装铰链，复杂的在门的上边或下边需要安装轨道及传动五金配件。

5）转门：为三扇或四扇门扇组成风车形（也有两扇的），在两个固定的弧形门套内旋转的门。

6）卷帘门：是在门洞上部设置卷轴，利用卷轴将门帘上卷或放下来实现开关门洞口的门，有手拉及电动两种形式。

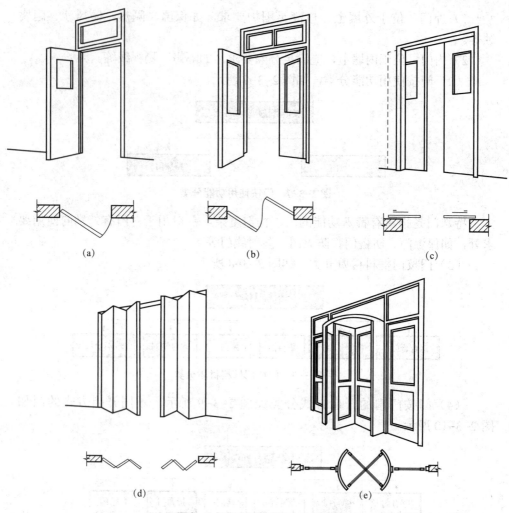

图 2-3-10 不同开启方式的门

（a）平开门；（b）弹簧门；（c）推拉门；（d）折叠门；（e）转门

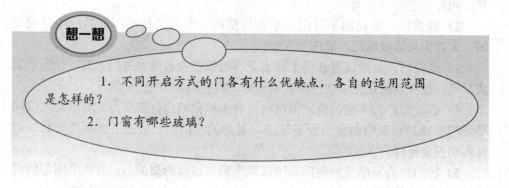

想一想

1. 不同开启方式的门各有什么优缺点，各自的适用范围是怎样的？

2. 门窗有哪些玻璃？

三、门窗类型代号

门窗类型代号见表 2-3-1。

表 2-3-1　门窗类型代号

名称	代号	名称	代号	名称	代号
平开门	PM	平开窗	PC	平开组合窗	ZPC
推拉门	TM	上悬窗	SXC	推拉组合窗	ZTC
弹簧门	HM	固定窗	GC	平开门连推拉窗	TLCM
异形窗	YC	推拉窗	TC	平开门连窗	LCM

四、门窗编号

门窗编号由门窗材质代号、门窗型材系列代号、门窗玻璃配置代号、纱窗代号、门窗类型代号、洞口尺寸代号等组成。门窗选用表和工程图中门窗编号只写类型代号和洞口宽、高代号，如 PC1-1518。

做一做

识读附录建筑施工图中门窗详图，小组讨论图中的门、窗属于什么类型。

步骤三　识读门窗尺寸

相关知识

门窗的立面尺寸应根据天然采光设计要求的各类用房窗地面积比和建筑节能要求的窗墙面积比等综合因素合理确定。立面分格尺寸应根据玻璃抗风压设计计算最大许用面积及开启扇允许最大高、宽尺寸，并考虑玻璃原片的成材率等综合确定。平开窗的开启扇，其净宽不宜大于 0.6 m，净高不宜大于 1.4 m。推拉窗的开启扇，其净宽不宜大于 0.9 m，净高不宜大于 1.5 m。平开门门扇宽度不宜大于 1 m，高度不宜大于 2.4 m；双扇开启的门洞宽度不应小于 1.2 m，当为 1.2 m 时，宜采用大小扇的形式。推拉门门扇净宽度不宜小于 0.7 m，高度不宜大于 2.4 m。

做一做

识读附录建筑施工图中门窗详图，看看图中的门窗的具体尺寸是多少，小组讨论一下是否在一般尺寸范围内。

步骤四　识读门窗表

相关知识

门窗表反映门窗的类型、编号、数量、尺寸规格、所在标准图集等相应内容，以备工程施工、结算所需。

做一做

查阅附录建筑施工图中的门窗表，了解该工程的门窗情况。

步骤五　门窗详图识读分析

识读门窗详图，重点是判断图中门窗的类型，掌握门窗的位置、尺寸、材料和使用功能（如防火门、防盗门等），以便更好地安排采购制作计划。

做一做

根据以上几个步骤中学到的内容对门窗详图、门窗表的表达内容进行分析，归纳梳理识读内容，完成识读报告。其内容包括门窗的类型、门窗的尺寸及编号、门窗的构造等。

巩固与训练

一、知识巩固

对照图 2-3-11，梳理自己所掌握的知识体系，并与同学相互交流、研讨个人对某些知识点或技能技巧的理解。

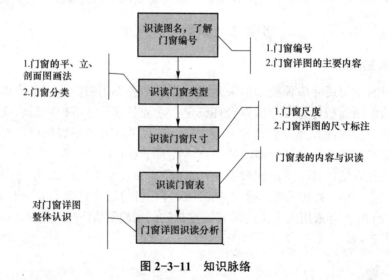

图 2-3-11　知识脉络

二、自学训练

（1）根据任务 2.3 的工作步骤及方法，利用所学知识，自主识读附录住宅建筑施工图中的门窗详图和门窗表，与同学交流该住宅门窗的类型、具体尺寸、数量等，并做好识图记录。

（2）查阅《建筑模数协调标准》（GB/T 50002—2013），了解建筑模数的概念及建筑模数协调统一标准的作用。

（3）按照以上所学，判断图 2-3-12 所示窗的开启方向。

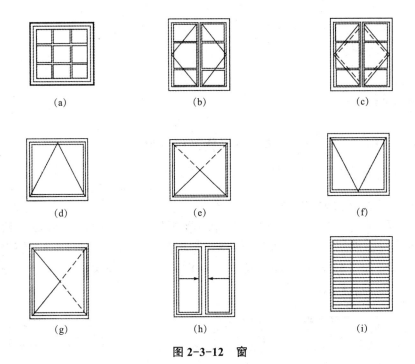

(a)   (b)   (c)

(d)   (e)   (f)

(g)   (h)   (i)

图 2-3-12 窗

任务 2.4　楼地层构造图识读

笔记

任务学习目标

通过本任务的学习，学生实现以下目标：

□ 了解楼地层的概念，楼板层与地坪层的组成；

□ 熟悉钢筋混凝土楼板的分类；

□ 掌握楼地层、楼地面构造图的识读方法；

□ 能正确识读各房间的楼面或地面做法并绘制构造图。

任务描述

一、任务内容

识读附录建筑施工图中的楼地面做法，查阅相应的图集，读懂各个房间的楼地面做法，撰写一份楼地层构造图识读报告，内容包括楼地层的组成、各房间楼地面做法，并绘制至少两个不同的楼面或地面的构造图。

二、实施条件

（1）建筑施工图中的室内装修表。

（2）建筑工程做法图集。

（3）A4纸若干。

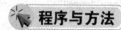程序与方法

步骤一　楼地层认知

相关知识

一、楼地层的构造组成

楼地层是楼板层与地坪层的总称。楼板层一般由面层、楼板、顶棚组成；地坪层由面层、垫层、基层组成。当房间对楼板层和地坪层有使用功能要求时，可加设相应的附加构造层，如防水层、防潮层、隔声层、隔热层等，如图2-4-1所示。

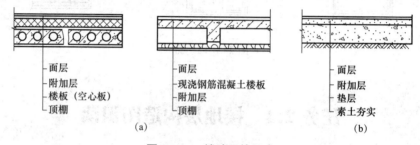

—面层　　　　　　　—面层　　　　　　　　—面层
—附加层　　　　　　—现浇钢筋混凝土楼板　—附加层
—楼板（空心板）　　—附加层　　　　　　　—垫层
—顶棚　　　　　　　—顶棚　　　　　　　　—素土夯实
　　　（a）　　　　　　　　　　　　　　　　（b）

图 2-4-1　楼地层的组成

（a）楼板层；（b）地坪层

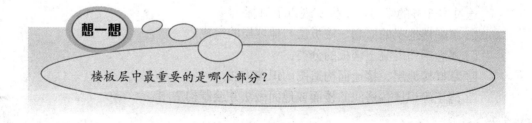

想一想

楼板层中最重要的是哪个部分？

做一做

观察所在教室的楼板层或地坪层，组内同学相互交流、讨论它们的组成。

二、楼板的类型

楼板是楼板层的结构层。它承受楼面传来的荷载并传递给墙或柱，同时，楼板还对墙体起着水平支撑的作用，传递风荷载及地震所产生的水平力，以增加建筑物的整体刚度。因此，要求楼板有足够的强度和刚度，并应符合隔声、防火等要求。目前，建筑工程中楼板主要有现浇式钢筋混凝土楼板、装配式叠合楼板等。

整体现浇式钢筋混凝土楼板结构形式可分为单向板和双向板，如图2-4-2

所示。当板的长边与短边之比大于 2 时，板上的荷载主要沿短边传递，这种板称为单向板；当板的长边与短边之比不超过 2 时，板上的荷载将沿两个方向传递，这种板称为双向板。

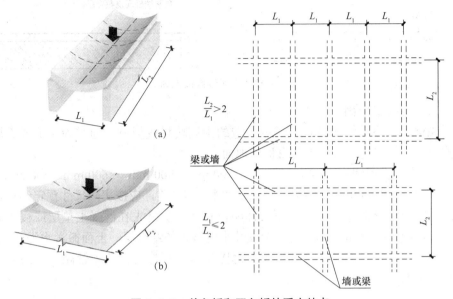

图 2-4-2　单向板和双向板的受力特点

（a）单向板（$L_2/L_1 > 2$）；（b）双向板（$L_2/L_1 \leqslant 2$）

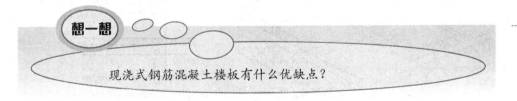

现浇式钢筋混凝土楼板有什么优缺点？

做一做

1．观察校内建筑，组内同学相互交流楼板下梁柱的设置。

2．阅读附录中施工图，组内同学讨论该工程的楼板有哪些类型。

步骤二　识读楼地面做法

相关知识

楼地面是楼地层面层的总称。楼板层的面层叫作楼面，地坪层的面层叫作地面。按照楼地面所用的材料和工艺不同，可分为整体楼地面、块材楼地面、木地板楼地面、地毯楼地面、塑胶地板楼地面等。

一、整体楼地面

整体楼地面是采用在现场拌和的湿料，经浇抹形成的面层，如水泥砂浆楼地面。水泥砂浆楼地面是在混凝土垫层或楼板上抹水泥砂浆形成面层，如图 2-4-3 所示。

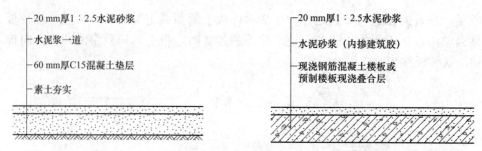

图 2-4-3　水泥砂浆楼地面

二、块材楼地面

块材楼地面是利用各种天然或人造的预制块材或板材，通过铺贴形成面层的楼地面，如花岗岩板、大理石板楼地面。

花岗岩板、大理石板的尺寸一般为 300 mm×300 mm ～ 600 mm×600 mm，厚度为 20 ～ 30 mm，属于高级楼地面材料。铺设前，应按房间尺寸预定制作，铺设时需要预先排布后再开始正式铺贴，具体做法是先在混凝土垫层或楼板找平层上实铺30 mm厚1∶（3～4）干硬性水泥砂浆作结合层，上面撒素水泥面（洒适量清水），然后铺贴楼地面板材，缝隙挤紧，用橡皮锤或木锤敲实，最后用素水泥浆擦缝，如图 2-4-4 所示。

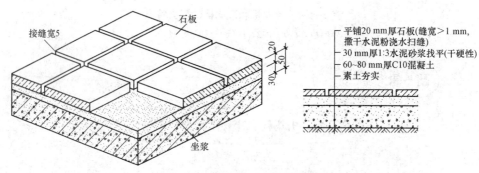

图 2-4-4　花岗岩、大理石楼地面

三、木地板楼地面

采用木地板楼地面时，须在找平层上铺设防潮垫。木地板楼地面构造如图 2-4-5 所示。

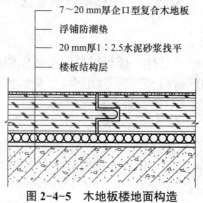

图 2-4-5　木地板楼地面构造

识读附录图纸中楼地面做法，查阅相应图集，小组交流、讨论各房间楼地面的做法。

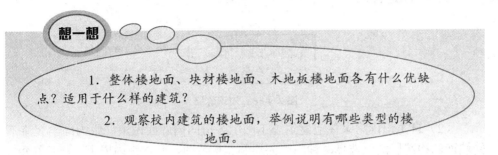

1. 整体楼地面、块材楼地面、木地板楼地面各有什么优缺点？适用于什么样的建筑？
2. 观察校内建筑的楼地面，举例说明有哪些类型的楼地面。

步骤三　楼地层构造图识读分析

楼地层构造图的识读重点是掌握楼地层的构造组成。详细掌握楼地面的建筑做法，根据工程所在地的环境特点和建筑材料，可以向设计单位提出变更建议。

在实际工程中，楼地面做法一般会在建筑设计说明中以工程做法表的形式列表表示，有时是直接用文字或图样表示，有时是选用标准图集中的做法。

根据以上步骤学到的知识，阅读附录施工图中的室内装修表，完成识读报告，并根据图纸及选用的标准图集中楼地面做法，选择两种绘制楼面或地面的构造图，并在组内展示，互相取长补短。应清楚每一构造层次所用的实际材料和厚度符合实际比例。注意图例和线型的使用，注意多层构造文字说明的标注方法。

 提示
1. 注意每个构造层次的厚度和材料。
2. 材料的图例画法可查阅任务 1.3 相关知识。

笔记

🖱 **巩固与训练**

一、知识巩固

对照图 2-4-6，梳理自己所掌握的知识体系，并与同学相互交流、研讨个人对某些知识点或技能技巧的理解。

二、自学训练

（1）根据任务 2.4 的工作步骤及方法，利用所学知识，自主识读附录住宅建筑施工图中各房间的楼地面做法，选择两种不同的楼面或地面做法绘制其构造图，并在组内展示，相互交流。

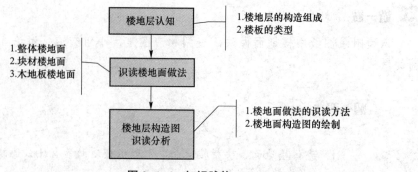

图 2-4-6　知识脉络

（2）自主识读附录住宅建筑施工图中各房间内墙面做法，组内同学交流不同墙面的构造层次，选择两种内墙面绘制其构造图，并在组内展示，取长补短。

任务 2.5　楼梯构造图识读

任务学习目标

通过本任务的学习，学生实现以下目标：
- □ 了解楼梯的组成与尺度；
- □ 了解楼梯的平面形式；
- □ 了解楼梯详图的组成与形成；
- □ 能正确识读工程图纸中的楼梯详图；
- □ 能结合图集正确识读楼梯的细部构造。

任务描述

一、任务内容

根据附录施工图纸中的楼梯详图（楼梯平面图、楼梯剖面图、楼梯节点详图）及相关图集，识读楼梯类型，各部分尺寸、标高，踏步数量、楼梯间门窗设置、楼梯细部构造等内容，写一份识读报告。

二、实施条件

（1）建筑施工图中楼梯平面图、楼梯剖面图，相关图集。
（2）A4 纸若干。

程序与方法

步骤一　识读楼梯类型

做一做

　　仔细观察校内建筑的某个楼梯，认识其主要的组成部分，参照图 2-5-1 试画出草图并作出标记。

相关知识

一、楼梯的组成

　　楼梯是联系建筑物上下层的主要垂直交通设施，也是紧急情况下人员安全疏散的交通设施。楼梯由梯段、平台、栏杆扶手三部分组成，如图 2-5-1 所示。

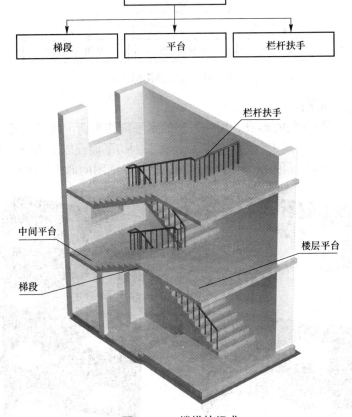

图 2-5-1　楼梯的组成

1. 楼梯段

　　楼梯段简称梯段，是楼梯的主要使用和承重部分。其由若干个踏步组成，每个踏步上供人脚踏的面称为踏面，与之垂直（或稍倾斜）的面称为踢面。为避免人们上下楼梯过度疲劳，一个梯段的踏步数不应超过18级；为避免因不易觉察而使人摔倒，踏步数不应少于3级。

2. 平台

平台由平台梁、平台板组成，包括楼层平台和中间平台。平台可避免上下楼梯时过于疲劳，又起到联系楼梯段的作用，同时，还是梯段之间转换方向的空间。

3. 栏杆和扶手

楼梯栏杆和扶手起着安全防护作用，一般设置在梯段的边缘及平台临空的一边，其要求必须坚固可靠，并保证足够的安全高度。栏杆上部供人们倚扶的配件称为扶手。栏杆和扶手也是建筑内部重点装饰的地方，在选择材料及形式时要注意其艺术效果。

二、楼梯详图

楼梯详图一般包括楼梯平面图、楼梯剖面图和楼梯节点详图。楼梯详图的组成如图2-5-2所示。

图2-5-2 楼梯详图的组成

1. 楼梯平面图

（1）楼梯平面图的形成。用一假想的水平剖切平面，在各层楼梯间的第一楼梯段中间（低于中间平台处）剖切后，移去剖切平面及以上部分，将余下的部分作水平投影，所得到的图为楼梯平面图。楼梯平面图的形成如图2-5-3所示。

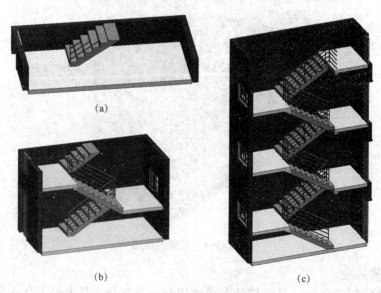

（a）

（b）   （c）

图2-5-3 楼梯平面图的形成

（a）底层平面图形成；（b）标准层平面图形成；（c）顶层平面图形成

（2）楼梯平面图的图示内容和方法。楼梯平面图主要表达楼梯间的开间、进深尺寸，楼地面、平台处的标高，踏步宽及踏面宽，楼梯井宽度、墙体厚度等。

楼梯平面图的图示方法与剖面图的图示方法基本相同，被剖切到的墙体、柱等结构轮廓用粗实线绘制，踏步线用细实线绘制。被剖切的楼梯段，在剖切处用45°斜折断线表示，以避免与踏步线混淆。在楼梯段的端头用箭头配合文字"上"或"下"表示楼梯的上行方向或下行方向。

2．楼梯剖面图

楼梯剖面图是用一个假想的铅垂剖切平面，沿楼梯间剖切，移去剖切平面和切平面与观察者之间的部分，将剩余部分作正投影，所得到的剖面图称为楼梯剖面图。剖切楼梯时，剖切面一般通过一个梯段和门窗洞口，投影方向为剩余较多部分的一侧。楼梯剖面图的形成如图2-5-4所示。

图2-5-4 楼梯剖面图的形成

3．楼梯节点详图

对于楼梯栏杆（栏板）、扶手、踏步等细部构造，在用1：50的比例绘制的图中往往不能表示清楚，还需要用更大比例画出，这种图称为节点详图。节点详图一般在对应的平、立、剖面图中标注有相应的索引符号，节点详图名称按规定命名。楼梯节点详图主要包括踏步、栏杆（栏板）、扶手等详图。

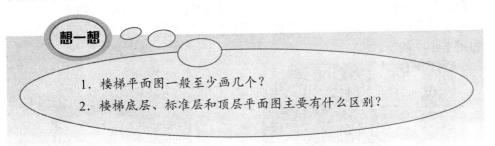

想一想

1. 楼梯平面图一般至少画几个？
2. 楼梯底层、标准层和顶层平面图主要有什么区别？

笔记

做一做

仔细观察校内建筑的某个楼梯，认识其主要的组成部分，与组内同学交流、讨论，画出楼梯的底层平面图和楼梯剖面图的草图。

三、楼梯的分类

楼梯的类型较多，按位置不同可分为室内楼梯、室外楼梯；按使用性质不同可分为主要楼梯、次要楼梯、消防楼梯；按材料不同可分为木楼梯、竹楼梯、钢筋混凝土楼梯、钢楼梯等；按平面形式不同可分为直行楼梯、平行双跑楼梯、双分双合楼梯、折行多跑楼梯、剪刀楼梯、螺旋楼梯、弧形楼梯。

1．直行楼梯

直行楼梯又可分为直行单跑楼梯和直行双跑楼梯，如图2-5-5所示。

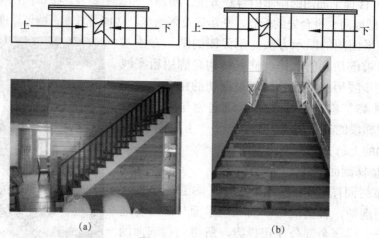

图 2-5-5　直行楼梯

（a）直行单跑楼梯；（b）直行双跑楼梯

2．平行双跑楼梯

平行双跑楼梯是最为常见的适用面最广的一种楼梯形式，如图2-5-6所示。

3．双分双合楼梯

双分双合楼梯是在平行双跑楼梯基础上演变产生的。双分楼梯的梯段的第一跑在中部，然后在中间平台处往两边以第一跑的1/2梯段宽，各自上到楼层面；双合楼梯与平行双跑楼梯类似，区别仅在于双合楼梯楼层平台起步第一跑梯段在两边，第二跑在中间。双分双合楼梯通常在人流多，需要较大的梯段宽度时采用，其均衡对称的形式典雅庄重，常用作办公类建筑的主要楼梯，如图 2-5-7 所示。

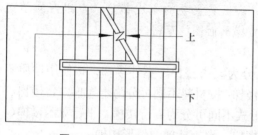

图 2-5-6　平行双跑楼梯

图 2-5-7　双分双合楼梯

4．折行多跑楼梯

图 2-5-8 所示为折行多跑楼梯，相邻楼梯段互成一个角度，此种楼梯中部形成较大梯井，常用于层高较大的公共建筑中。在设有电梯的建筑中，可利用楼梯井作为电梯井位置，但这时电梯井会遮挡楼梯上行人的视线。当楼梯井未设置电梯井时，因楼梯井较大，不安全，故供少年儿童使用的建筑不能采用此种楼梯。

5．剪刀楼梯

剪刀楼梯由两个直行楼梯交叉并列布置而成，其空间开敞，满足通行的能力强，且有利于多方向的人流通行，如图 2-5-9 所示。

图 2-5-8　折行楼梯 　　　　　　　　图 2-5-9　剪刀楼梯

6．螺旋楼梯

螺旋楼梯通常是围绕一根单柱布置，平面呈圆形。其平台和踏步均为扇形平面，踏步内侧宽度很小，并形成较陡的坡度，行走时不安全，且构造复杂。这种楼梯不能作为主要人流交通和疏散楼梯使用，但由于其流线型造型美观，故常作为建筑小品布置在庭院或室内，如图 2-5-10 所示。

7．弧形楼梯

弧形楼梯与螺旋楼梯的不同之处在于它围绕一较大的轴心空间旋转，未构成水平投影圆，仅为一段弧环，并且曲率半径较大。其扇形踏步的内侧宽度也较大（≥ 220 mm），使坡度不至于过陡，可以用来通行较多的人流。当弧形楼梯布置在公共建筑的门厅时，具有明显的导向性和优美轻盈的造型，但其结构和施工难度较大，通常采用现浇钢筋混凝土结构，如图 2-5-11 所示。

笔记

图 2-5-10　螺旋楼梯 　　　　　　　　图 2-5-11　弧形楼梯

做一做

1. 以小组为单位观察讨论校内各楼梯分别是何种类型的楼梯，拍出不同类型楼梯的照片，并与其他组的同学交流、讨论。

2. 阅读附录建筑施工图中的楼梯详图，组内同学交流、讨论该工程的楼梯属于何种类型。

步骤二　识读楼梯尺寸与标高

相关知识

一、楼梯的平面尺度

（1）梯段宽：楼梯的梯段宽（D）一般是指梯段净宽，是墙面到扶手中心线之间垂直于行走方向的水平距离。

（2）楼梯井宽度：楼梯井宽度（C）为两梯段和平台临空侧围成的缝隙宽。考虑消防、安全和施工的要求，楼梯井宽度（C）以 60 ～ 200 mm 为宜，有儿童经常使用的楼梯，当梯井净宽 > 110 mm 时必须采取安全措施。

（3）平台宽度：平台宽度可分为中间平台宽度和楼层平台宽度。

（4）梯段长度：梯段长度（L）是楼梯段的水平投影长度，取决于踏面宽和梯段上踏步数量（N）。梯段长度 $L =（N-1）b$。

楼梯的平面尺度如图 2-5-12 所示。

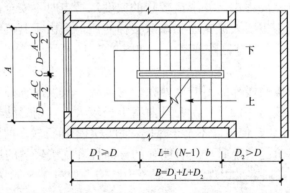

图 2-5-12　楼梯的平面尺度

二、楼梯的剖面尺度

1.楼梯坡度和踏步尺寸

（1）楼梯坡度：是指踏步前缘连线与水平面的夹角，常用坡度范围为 25° ～ 45°，其中以 30° 左右较为适宜。坡度达到 45° 以上的属于爬梯的范围。

（2）踏步尺寸：踏步尺寸包括踏面宽和踢面高，它与梯段的坡度直接相关。常见建筑楼梯踏步尺寸的取值范围见表 2-5-1。

表 2-5-1　楼梯踏步最小宽度和最大高度 m

楼梯类别		最小宽度	最大高度
住宅楼梯	住宅公共楼梯	0.260	0.175
	住宅套内楼梯	0.220	0.200

 笔记

续表

楼梯类别		最小宽度	最大高度
宿舍楼梯	小学宿舍楼梯	0.260	0.150
	其他宿舍楼梯	0.270	0.165
老年人建筑楼梯	住宅建筑楼梯	0.300	0.150
	公共建筑楼梯	0.320	0.130
托儿所、幼儿园楼梯		0.260	0.130
小学学校楼梯		0.260	0.150
人员密集且竖向交通繁忙的楼梯和大中学校楼梯		0.280	0.165
其他建筑楼梯		0.260	0.175
超高层建筑核心筒内楼梯		0.250	0.180
检修及内部服务楼梯		0.220	0.200

2．楼梯的净空高度

楼梯各部位的净空高度应满足人流通行和搬运家具的需求，并考虑人的心理感受。在平台处的净空高度应大于 2 m，梯段范围内净空高度应大于 2.2 m，如图 2-5-13 所示。

3．扶手高度

扶手高度为自踏面前缘至扶手顶面的垂直距离，一般不小于 0.90 m。室外楼梯，特别是消防楼梯的扶手高度应不小于 1.10 m。当住宅楼梯栏杆水平段的长度超过 0.50 m 时，其高度必须不低于 1.05 m。楼梯栏杆垂直杆件间净空高度不应大于 0.11 m。使用对象主要为儿童的建筑物中，需要在 0.60 m 左右的高度再设置一道扶手，以适应儿童的身高，如图 2-5-14 所示。为防止儿童在楼梯扶手上作滑梯游戏，可在扶手上加设防滑块。对于养老建筑及需要进行无障碍设计的场所，楼梯扶手的高度应为 0.85 m。

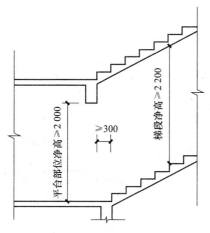

图 2-5-13　楼梯的净空高度

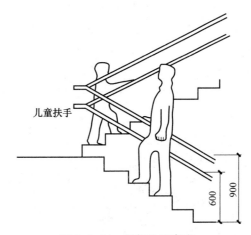

图 2-5-14　栏杆扶手高度

做一做

1. 选择宿舍楼或教学楼，以小组为单位，做好分工，用钢卷尺测量并记录楼梯的各个尺度（尽可能全面），将测量数据和相关规定比较，分析异同，并在小组间相互交流。

2. 阅读附录图纸楼梯详图中楼梯的各个尺度做好识读记录，并与组内同学交流、讨论。

 识读楼梯尺寸时，先识读楼梯平面图，再结合平面图识读剖面图；识读平面图时，先识读楼梯间的开间、进深，再识读楼梯的各个平面尺度；识读剖面图时，先识读各部位的标高，再识读楼梯的剖面尺度。

步骤三　识读细部构造

相关知识

一、踏步面层及防滑措施

1. 踏步面层

建筑物中楼梯的使用率往往很高，楼梯踏面容易受到磨损，影响行走和美观，所以踏面应耐磨、防滑、便于清洗，并应有较强的装饰性楼梯踏面材料。一般与门厅或走道的地面材料一致，常用的有水泥砂浆、水磨石、花岗岩、大理石、瓷砖等。

2. 防滑措施

楼梯踏步面层应有防滑措施，通常是在踏步边缘作防滑条、防滑槽或防滑包口，如图 2-5-15 所示。防滑条一般做两道，应高出踏步面层 3 mm，宽度为 10 ～ 20 mm，长度一般按踏步长度每边减 150 mm，材料可以采用水泥铁屑、金刚砂、缸砖金属条、折角铸铁等。图 2-5-16（a）所示为镶嵌金属防滑条做法；图 2-5-16（b）所示为石材铲口做法。

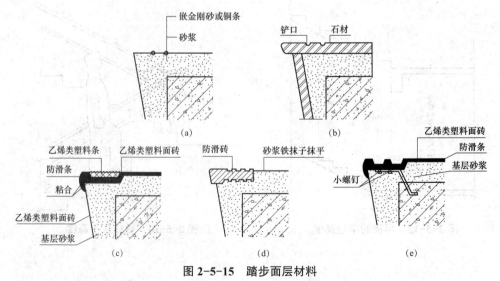

图 2-5-15　踏步面层材料

（a）嵌金刚砂或铜条；（b）石材铲口；（c）粘贴复合材料防滑条；（d）粘贴防滑砖；（e）锚固金属防滑条

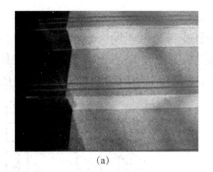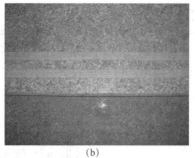

(a)   (b)

图 2-5-16　踏面防滑

（a）镶嵌金属防滑条做法；（b）石材铲口做法

二、栏杆

栏杆是在楼梯段与平台临空一边所设的安全措施，要求做到安全、坚固、美观，也要注意经济和施工维修方便等。楼梯栏杆有空花栏杆、实心栏板及两者组合的半空花栏杆。空花栏杆和半空花栏杆如图 2-5-17 所示。

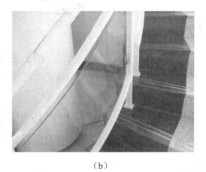

(a)   (b)

图 2-5-17　栏杆

（a）空花栏杆；（b）半空花栏杆

1.空花栏杆

空花栏杆常用的立杆材料为圆钢、方钢、扁钢及钢管。固定方式有与预埋件焊接、开脚预埋（或留孔后装）、与预埋件栓接、用膨胀螺栓固定。其安装部位多在踏面的边缘位置或踏步的侧边，如图 2-5-18 所示。

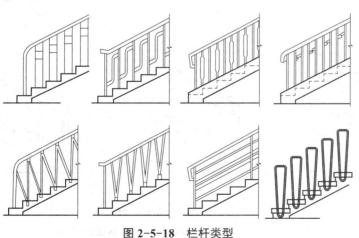

图 2-5-18　栏杆类型

笔记

2．实心栏板

实心栏板可采用在立杆之间固定安全玻璃、钢丝网、钢板网等形成栏板。随着建筑材料的改良和发展，有些玻璃栏板甚至可以不依赖立杆而直接作为受力的栏板来使用，但自重较大，造价较高，现在采用较少，如图 2-5-19 所示。

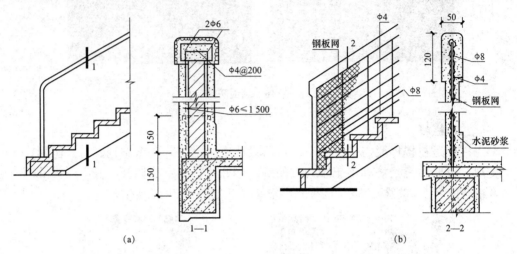

图 2-5-19 栏板

（a）1/4 砖砌栏板；（b）钢板网水泥栏板

3．半空花栏杆

半空花栏杆是空花栏杆与栏板相结合的一种形式。空花部分多用金属材料制作，栏板可选用木板或钢化玻璃等，如图 2-5-20 所示。

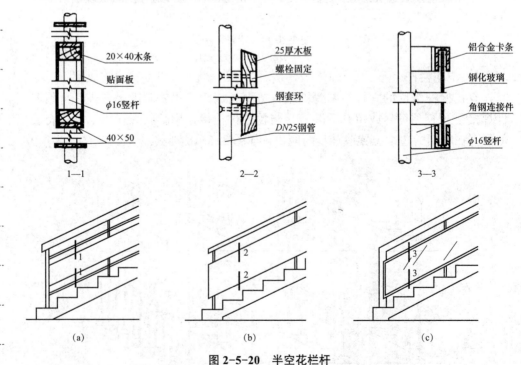

图 2-5-20 半空花栏杆

（a）贴面板栏板；（b）木板栏板；（c）钢化玻璃栏板

三、扶手

栏杆或栏板上应设置扶手。扶手可用木材、金属、塑料等做成，断面形状有圆形、方形、扁形，宽度以能手握舒适为宜。木扶手藉木螺钉通过扁铁与漏空栏杆连接；塑料扶手、金属扶手则通过焊接或螺钉连接，靠墙扶手则由预埋铁脚的扁钢通过木螺钉来固定，如图 2-5-21 所示。图 2-5-22 所示为木扶手和金属扶手。

笔记

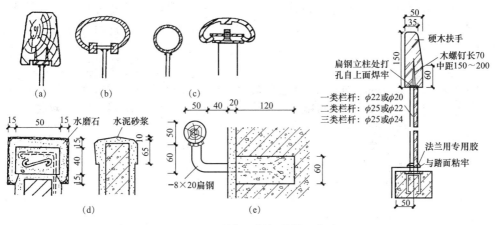

图 2-5-21　栏杆及栏板的扶手构造

（a）木扶手；（b）塑料扶手；（c）金属扶手；（d）栏板扶手；（e）靠墙扶手

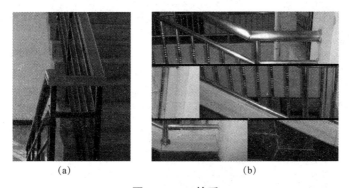

图 2-5-22　扶手

（a）木扶手；（b）金属扶手

做一做

1. 观察校内各楼梯的踏步防滑处理、栏杆扶手形式、栏杆与踏步的连接、栏杆与扶手的连接，小组拍出不同做法的照片与其他小组交流、讨论。

2. 阅读附录图纸中楼梯详图，查阅相关图集，识读楼梯的细部构造，做好识读记录，并与组内同学进行交流、讨论。

步骤四　楼梯详图识读分析

楼梯详图识读时要与建筑平面图对照识读，楼梯平面图要与楼梯剖面图对照识读。楼梯详图识读的要点是楼梯平面图中梯段宽度、踏步数量和尺寸、通行方向、平台标高；楼梯剖面图中梯段位置、踏步数量和尺寸、通行方向、平台标高与平面图是否一致；楼梯各详图与建筑平面图中楼梯间的轴线、尺寸是否一致。如有问题，可在图纸会审中向设计单位提出。

做一做

根据以上几个步骤中学到的内容对楼梯平面图、剖面图及节点详图的图示内容和图示方法进行分析总结，梳理、归纳识读步骤与识读内容，完成识读报告。

现浇钢筋混凝土楼梯的结构形式有板式楼梯、梁板式楼梯。

板式楼梯由踏步、平台梁、平台板组成。楼梯段作为一块整板，斜搁在楼梯平台梁上。

梁板式楼梯是将踏步板支撑在斜梁上，斜梁两端搁置在平台梁上。斜梁在板上部的称为反梁式梯段。

巩固与训练

一、知识巩固

对照图 2-5-23，梳理自己所掌握的知识体系，并与同学相互交流、研讨个人对某些知识点或技能技巧的理解。

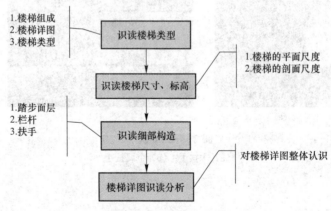

图 2-5-23　知识脉络

二、自学训练

根据任务 2.5 的工作步骤及方法，利用所学知识，自主识读附录中住宅的楼梯详图，识读楼梯的类型、尺寸、细部构造等，做好识读记录，并在组内交流讨论。

任务 2.6 屋顶构造图识读

任务学习目标

通过本任务的学习，学生实现以下目标：

□ 了解屋顶的作用和类型；

□ 了解平屋顶的排水方式；

□ 熟悉平屋顶卷材防水屋面基本构造和细部构造；

□ 掌握屋顶平面图的形成和识读方法；

□ 能正确识读屋顶平面图和屋面做法。

任务描述

一、任务内容

识读附录建筑施工图中的屋顶平面图和屋面做法，结合相关图集中的内容撰写一份识读报告，内容包括屋顶的类型、排水方式、排水装置、坡度和排水管设置、屋面具体做法、细部处理等。

 笔记

二、实施条件

（1）建筑施工图中的屋顶平面图、材料做法表，相关图集。

（2）A4 纸若干。

程序与方法

步骤一 识读屋顶类型

相关知识

一、屋顶平面图

屋顶平面图是假想观察者站在建筑物的上方，向下所做的水平投影图，如图 2-6-1 所示。屋顶平面图主要表示屋顶形式、排水方式和屋顶排水装置的布置。

二、屋顶的分类

屋顶按外形划分，可分为平屋

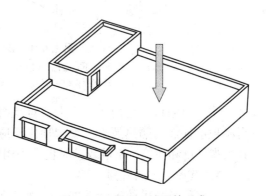

图 2-6-1 屋顶平面图的形成

顶、坡屋顶及其他形式的屋顶，如图 2-6-2 所示。

图 2-6-2　屋顶的分类

1. 平屋顶

屋顶坡度平缓，排水坡度一般小于 5%，最常用的排水坡度为 2%～3%。平屋顶根据檐口构造形式不同又可分为挑檐平屋顶、女儿墙平屋顶、挑檐女儿墙平屋顶、盝（音 lu：古代的一种小匣子）顶平屋顶等，如图 2-6-3 所示。

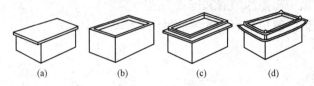

图 2-6-3　平屋顶的类型

（a）挑檐平屋顶；（b）女儿墙平屋顶；（c）挑檐女儿墙平屋顶；（d）盝顶平屋顶

平屋顶的特点是采用与楼盖基本相同的结构形式，易于协调统一建筑与结构的关系，造型简洁，节约材料。屋顶可设露台屋顶花园，种植植物，美化绿化环境；也可以设游泳池、体育场地、直升机停机坪，或安装太阳能热水器等。

2. 坡屋顶

坡屋顶的坡度较陡，一般为 10% 以上。当建筑物宽度较小时可作单坡，宽度较大时常作双坡或四坡。将屋面坡度形式作不同的处理，可形成硬山顶、悬山顶、庑殿顶、歇山顶、卷棚顶、圆攒尖顶等形式，如图 2-6-4 所示。

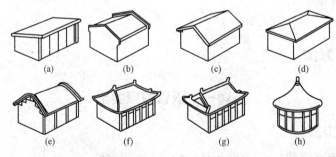

图 2-6-4　坡屋顶的类型

（a）单坡顶；（b）硬山两坡顶；（c）悬山两坡顶；（d）四坡顶；
（e）卷棚顶；（f）庑殿顶；（g）歇山顶；（h）圆攒尖顶

坡屋顶的特点是构造高度大，对其内部作密闭填充或开敞通风处理，可提高屋顶的保温与隔热效果。坡屋顶广泛应用于民居建筑。某些现代建筑，考虑到景观环境和建筑风格的要求时也常采用坡屋顶。

3. 其他形式的屋顶

随着科学技术的不断发展，出现了许多新型的屋顶结构形式，如薄壳、折板、悬索、网架等空间结构体系。其形式流畅舒展，使得建筑群的造型更加丰富多彩，如图2-6-5所示。这些屋顶结构形式独特，内部可形成很大的通透空间，特别适用于大跨度的体育馆、展览馆等建筑。

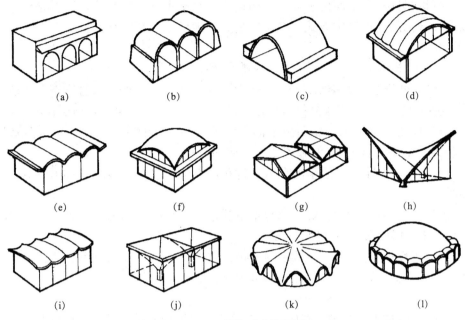

图2-6-5 其他形式的屋顶

（a）窑洞屋顶；（b）砖石拱屋顶；（c）落地拱屋顶；（d）双曲拱屋顶；（e）筒壳屋顶；（f）扁壳屋顶；（g）扭壳屋顶；（h）落地扭壳屋顶；（i）双曲壳板屋顶；（j）伞壳屋顶；（k）抛物面壳屋顶；（l）球壳屋顶

想一想

1. 平屋顶为何也要设置坡度？

2. 坡度的表示方法有哪几种？

做一做

识读附录建筑施工图中的屋顶平面图，想象屋顶平面图的形成，判断屋顶类型。

步骤二　识读屋顶的排水方式和装置

相关知识

一、屋顶的排水方式

1. 无组织排水

无组织排水又称为自由落水，是屋面雨水顺坡由檐口自由落下至室外地坪的排水方式。

无组织排水一般只适用于降水量较小、房屋较矮及次要建筑中。

2．有组织排水

有组织排水是屋面雨水顺坡流向檐沟，经雨水管等排水装置被引导至地面或地下管沟的一种排水方式。在降雨量大的地区或房屋较高的情况下，宜采用有组织排水。

有组织排水又可分为外排水和内排水两种方式。

（1）外排水。外排水是屋面雨水经安装在外墙面上的雨水管排至室外地面的一种排水方式。平屋顶外排水根据檐口构造不同又可分为下列排水方式：

1）挑檐沟外排水：屋面雨水汇集到悬挑在墙外的檐沟内，再由水落管排下，如图 2-6-6（a）、（b）和图 2-6-8 所示。

2）女儿墙外排水：屋面雨水需要穿过女儿墙流入室外的雨水管，如图 2-6-6（c）和图 2-6-9 所示。

3）女儿墙挑檐沟外排水：在屋檐部位既有女儿墙，又有挑檐沟，如图 2-6-6（d）所示。蓄水屋面常采用这种形式。

4）暗管外排水：在一些临街的公共建筑中，常采用暗装雨水管的方式，将雨水管隐藏在假柱或空心墙中，假柱可处理成建筑立面上的竖向线条，如图 2-6-6（e）所示。

（2）内排水。内排水即屋面雨水顺坡流向檐沟或中间天沟，经雨水斗，由室内雨水管（或经室内一定距离后再转向室外）排往地下雨水管网，如图 2-6-7（a）～（d）所示。内排水的管路长、造价高，且转折处易堵塞，管道经过室内时有碍观瞻，必要处只好设置管道井予以隐蔽，维修也不太方便。因此，当檐口有结冰危险或连跨屋面的中间跨处采用其他排水方式不方便时才可以采用此种方式。

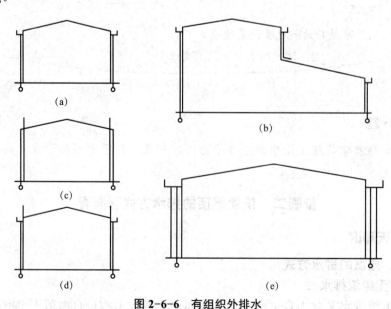

图 2-6-6　有组织外排水

（a）、（b）挑檐沟外排水；（c）女儿墙外排水；（d）女儿墙挑檐沟外排水；（e）暗管外排水

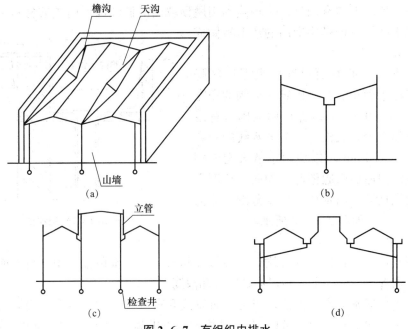

图 2-6-7　有组织内排水

（a）、（b）、（c）、（d）内排水

图 2-6-8　挑檐外排水

图 2-6-9　女儿墙外排水

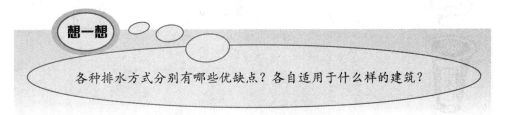

想一想

各种排水方式分别有哪些优缺点？各自适用于什么样的建筑？

二、排水装置

有组织排水中需要用到的排水装置有天沟（檐沟）、雨水口、雨水管等。

1．天沟（檐沟）

天沟即屋面上与排水坡度方向垂直的排水沟，位于外檐边的天沟又称檐沟。天沟的功能是将屋面雨水汇聚到一起，并将屋面雨水经过合理地组织后通过雨水口排除。

平屋顶的天沟有两种:一种是利用屋顶坡面的低洼部位由垫坡材料做成三角形天沟;另一种是用专门的槽形板做成矩形天沟。

矩形天沟的断面尺度应根据地区降雨量和汇水面积的大小确定。天沟的净宽应不小于 200 mm,以保证屋面雨水有足够的空间汇聚。天沟上口与分水线的距离应不小于 120 mm,以免雨水从天沟外侧涌出或溢向屋面引起渗漏。沟底沿长度方向设置纵坡坡向雨水口,坡度范围一般为 0.5%~1%,如图 2-6-10 所示。

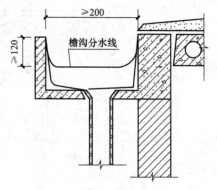

图 2-6-10 矩形檐沟

2. 雨水口

雨水口是设置在天沟(檐口)底部或侧壁上的排水设施,用来将屋面雨水排至雨水管。要求排水通畅,不易堵塞和渗漏。

雨水口通常为定型产品,可分为直管式和弯管式两类。直管式设置在天沟(檐口)底部,适用于中间天沟、挑檐沟和女儿墙内排水天沟,如图 2-6-11 所示;弯管式设置在天沟(檐沟)的侧壁上,适用于女儿墙外排水天沟,如图 2-6-12 所示。

雨水口的材料有铸铁和塑料两类,近年来多用塑料制作。塑料雨水口质地轻,不生锈,色彩多样(图 2-6-13)。

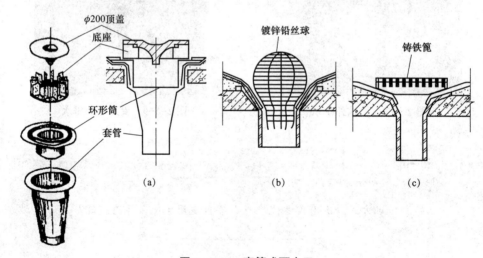

图 2-6-11 直管式雨水口

(a)定型铸铁雨水口;(b)镀锌铅丝球雨水口;(c)铸铁篦雨水口

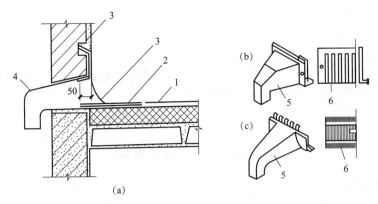

图 2-6-12   弯管式雨水口

（a）弯管式雨水口；（b），（c）铸铁雨水口

1—屋面防水层；2—附加防水层；3—水泥砂浆；4—弯管式雨水口；5—铸铁雨水口；6—铸铁箅

图 2-6-13   天沟和雨水口

3．雨水管

雨水管应与雨水口配套，目前多采用塑料雨水管，直径有 50 mm、75 mm、100 mm、125 mm、150 mm、200 mm 规格。一般民用建筑最常用的雨水管直径为 100 mm，面积较小的阳台可用直径为 75 mm 的雨水管。雨水管的间距不宜过大，避免雨水不能迅速排除引起外溢，一般为 15～20 m，最大不超过 24 m。雨水管和墙面之间应留出 20 mm 的距离，以便于雨水管和墙面之间的固定。

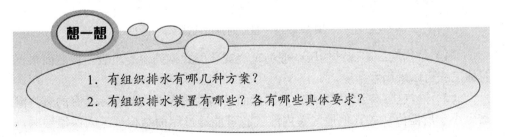

想一想

1．有组织排水有哪几种方案？

2．有组织排水装置有哪些？各有哪些具体要求？

做一做

1．观察校内建筑的屋顶，组内同学相互交流其排水方式及排水装置。

2. 识读附录建筑施工图中屋顶平面图的排水装置的布置，组内同学交流其排水方式和排水装置的布置。

提示　　参观的屋顶必须是上人屋面，参观时要树立安全意识，做好自我保护，禁止在屋顶打闹。

步骤三　识读屋面做法

相关知识

一、屋顶的构造组成

屋面防水工程应根据建筑物类别、重要程度、使用功能要求确定防水等级，并按相应的等级进行防水设防（见表2-6-1）。

表2-6-1　屋面防水等级和设防要求

防水等级	建筑类别	设防要求
Ⅰ级	重要建筑和高层建筑	两道防水设防
Ⅱ级	一般建筑	一道防水设防

屋面工程一般包括结构层、找平层、隔汽层、找坡层、保温层、防水层、隔离层、保护层等构造层，如图2-6-14所示。

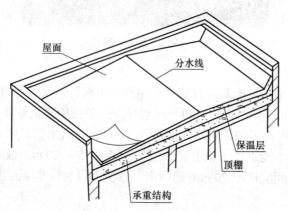

图2-6-14　屋顶的构造组成

网络空间

微课资源：屋面防水构造

（1）结构层：屋面结构层一般为现浇或装配式钢筋混凝土板。坡屋面根据具体工程可以采用木基层。

（2）隔汽层：当严寒及寒冷地区屋面结构冷凝界面内侧实际具有的蒸汽渗透阻小于所需值，或其他地区室内湿气有可能透过屋面结构层进入保温层时，应设置隔汽层。

（3）找坡层：混凝土结构层宜采用结构找坡，坡度不应小于3%。采用材料找坡时，可采用轻骨料混凝土，如陶粒、焦渣、加气混凝土碎块等，坡度宜为2%，最薄处的厚度不宜小于20 mm。坡度形式如图2-6-15所示。

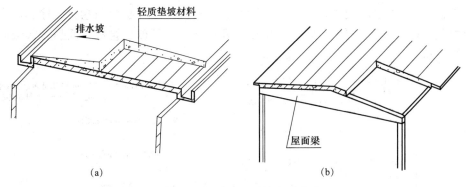

图 2-6-15　平屋顶坡度形成

（a）材料找坡；（b）结构找坡

（4）找平层：为保证基底平整而设，可采用水泥砂浆、细石混凝土或配筋细石混凝土。

（5）保温层和隔热层：保温层应根据屋面所需要的传热系数或热阻选择轻质高效的保温材料。隔热层设计应根据地域、气候、屋面形式、建筑环境、使用条件，采取种植、架空等隔热措施。

（6）防水层：可根据设防要求选择防水做法。

（7）隔离层：块体材料、水泥砂浆、细石混凝土保护层与卷材、涂膜防水层之间应设置隔离层。

（8）保护层：上人屋面保护层可采用块体材料、细石混凝土等材料，不上人屋面保护层可采用水泥砂浆等材料。

二、平屋顶的防水构造

屋顶防水构造是屋顶构造做法的关键，防水层一般位于屋顶上部，习惯称为屋面。卷材、涂膜防水屋面是指屋面最上一层（保护层除外）防水为卷材防水层、涂膜防水层、卷材＋涂膜的复合防水层的平屋面，见表 2-6-2。

表 2-6-2　屋面的防水等级和防水做法

防水等级	设防要求	防水做法
Ⅰ级	两道防水设防	卷材防水层和卷材防水层、卷材防水层和涂膜防水层、复合防水层
Ⅱ级	一道防水设防	卷材防水层、涂膜防水层、复合防水层

卷材、涂膜防水屋面构造层次自上而下一般为保护层、隔离层、防水层、找平层、保温层、隔汽层、找平层、找坡层和结构层（图 2-6-16）。

（1）结构层：钢筋混凝土屋面板。

（2）找平层：卷材、涂膜的基层宜设置找平层。

（3）防水层：防水卷材有合成高分子防水卷材、高聚物改性沥青防水卷材；涂膜防水层可用合成高分子防水涂膜、聚合物水泥防水涂膜、高聚物改性沥青防水涂膜。

（4）隔离层：块体材料、水泥砂浆、细石混凝土保护层与卷材、涂膜防水层之间，应设置隔离层。隔离层可采用塑料膜、土工布、卷材、低强度等级砂浆等材料。

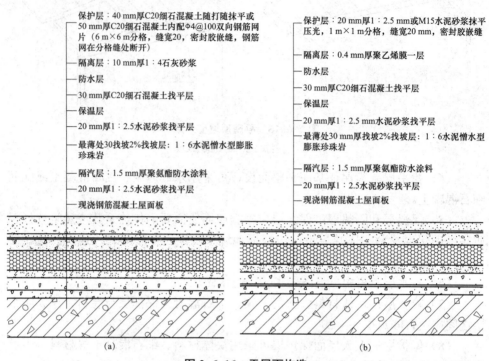

图 2-6-16　平屋面构造

（a）上人屋面；（b）不上人屋面

（5）保护层：卷材和涂膜防水层上应设置保护层，保护层可采用水泥砂浆、块体材料、细石混凝土等材料。

 做一做

1．绘图表示平屋面的构造组成，在组内相互展示。

2．识读附录图纸中屋面做法，查阅相关图集，用绘图或文字描述的方式表达出来，并在组内展示，组内同学相互交流、讨论。

步骤四　识读屋面细部构造

相关知识

一、卷材、涂膜防水屋面的细部构造

（1）泛水：泛水是屋面防水层与凸出屋面的垂直墙面之间的防水构造。泛水的高度应不小于 250 mm。当女儿墙高度小于 500 mm 时，可将立墙附加防水层提高到女儿墙压顶下缘。用水泥钉固定并用密封材料封闭严密，压顶应做防水处理，如图 2-6-17（a）所示；也可将附加防水层用水泥钉和金属压条固定后，用密封材料密封后用金属盖板封盖，如图 2-6-17（b）、图 2-6-18 所示。当有

防火要求时，应采用宽度不小于 500 mm 的不燃保温材料设置防火隔离带。

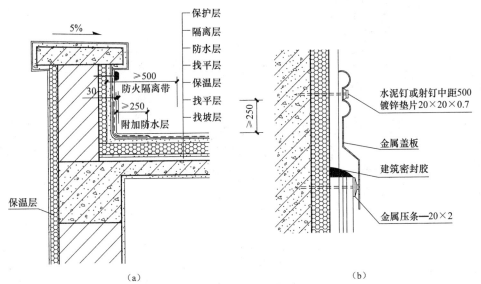

（a）　　　　　　　　　　　　　　（b）

图 2-6-17　屋面泛水

图 2-6-18　泛水

（2）檐沟：卷材涂膜防水屋面檐沟内应增设附加防水层。卷材防水层的基层与凸出屋面结构的交接处，以及基层的转角处，找平层应做成圆弧形。当防水卷材为高聚物改性沥青防水卷材时，R 为 50 mm；当防水卷材为合成高分子防水卷材时，R 应为 20 mm。檐沟卷材收头应固定密封，如图 2-6-19 所示。

（3）檐口：无组织排水檐口在 800 mm 范围内的卷材应采用满粘法，卷材收头压入找平层留置的凹槽内，用密封材料固定密封，并在挑檐下端作滴水处理，如图 2-6-20 所示。

笔记

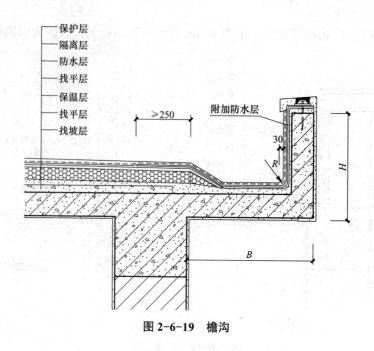

保护层
隔离层
防水层
找平层
保温层
找平层
找坡层

≥250

附加防水层

30

R

H

B

图 2-6-19　檐沟

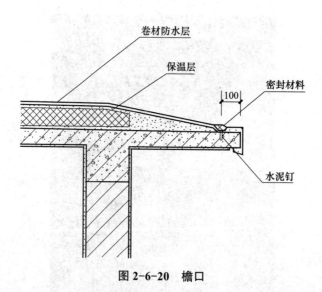

卷材防水层

保温层

密封材料

100

水泥钉

图 2-6-20　檐口

（4）伸出屋面管道：伸出屋面管道周围的找平层应抹出高度不小于 30 mm 的排水坡，管道与找平层之间应留设凹槽，并嵌填密封材料。防水层收头处应用金属箍箍紧，并用密封材料填实，如图 2-6-21 所示。

（5）屋面出入口：屋面出入口包括屋面上人孔和上人屋面出入口。屋面上人孔周围应做成高出屋面不小于 250 mm 的孔壁，屋面防水层沿孔壁铺贴，收头压在上部的混凝土压顶圈下如图 2-6-22（a）所示；上人屋面出入口处的防水层收头应压在混凝土踏步下，防水层的泛水应设置护墙，如图 2-6-22（b）所示。

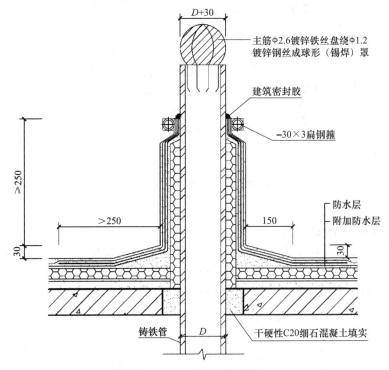

图 2-6-21　伸出屋面管道

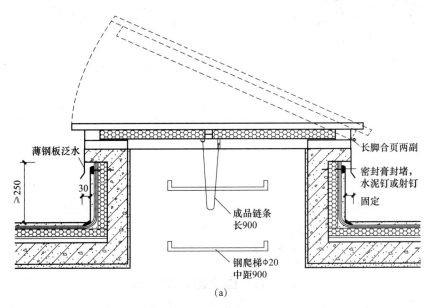

(a)

图 2-6-22　屋面出入口

（a）屋面上人孔

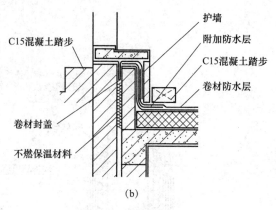

（b）

图 2-6-22　屋面出入口（续）

（b）上人屋面出入口

二、屋面变形缝做法

屋面变形缝处应采取能适应变形的密封处理，以保证屋顶的保温隔热效果，防止雨水浸入。其做法是在变形缝内填充不燃保温材料，上部填放衬垫材料，并用卷材封盖，顶部应加扣混凝土盖板或金属盖板，如图 2-6-23 所示。

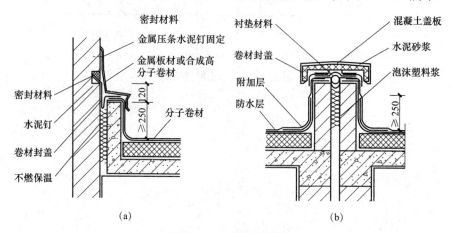

（a）　　　　　　　　　　　　　　（b）

图 2-6-23　屋面变形缝

（a）高低屋面变形缝；（b）等高屋面变形缝

做一做

1. 绘图表示卷材防水屋面泛水的节点构造，在组内相互展示。

2. 识读附录图纸中屋面细部构造，查阅相关图集，画出泛水、屋面变形缝等构造图，在组内展示并相互交流。

步骤五　屋顶图识读分析

屋顶的防水是核心，防水设计主要从"导"（设置合理的排水坡度，及时排除雨雪水）和"堵"（大面积铺贴防水材料）两个方面考虑。屋顶图识读的要点是屋顶平面图中排水方案的设计、排水装置的布置，以及建筑工程做法中屋面的做法，认真领会设计人员对排水、防水的设计意图，正确选择施工方案。

做一做

根据以上几个步骤中学到的内容对屋顶平面图的图示内容、图示方法进行分析总结，分析屋面做法的表达方法，归纳整理识读内容，撰写识读报告。

巩固与训练

一、知识巩固

对照图 2-6-24，梳理所掌握的知识体系，并与同学相互交流、研讨个人对某些知识点或技能技巧的理解。

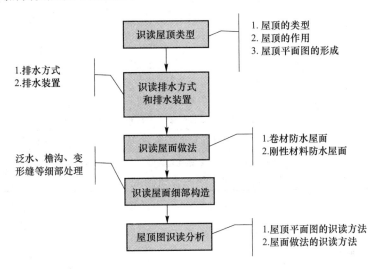

图 2-6-24　知识脉络

二、自学训练

（1）根据任务 2.6 的工作步骤及方法，利用所学知识，自主识读附录中住宅的屋顶平面图及屋面做法，与同学交流该建筑屋顶的类型、排水方式、排水装置的布置、屋面做法等，并做好识读记录。

（2）上网查阅屋面防水等级划分的相关知识，了解不同防水等级的屋面防水构造要求。

项目二学习成果

选择一套实际工程图纸，识读墙体、散水、楼地面、内墙面、顶棚、屋面等构造做法，绘制它们的构造详图。

项目二学习成果评价表

项目名称：建筑构造识读   考核日期：

成果名称	建筑构造图	内容要求	符合制图标准，比例图幅适当，图纸识读正确，线型分明、均匀
考核项目	分值	自评	考核要点
墙体详图	20		图样绘制正确，符合制图标准，线型分明
散水构造图	15		图样绘制正确，符合制图标准，线型分明
楼地面构造图	20		图样绘制正确，符合制图标准，线型分明
顶棚构造图	15		图样绘制正确，符合制图标准，线型分明
楼梯构造图	10		图样绘制正确，符合制图标准，线型分明
屋面构造图	20		图样绘制正确，符合制图标准，线型分明
小计	100		
考核人员	分值	评分	
（指导）教师评价	100		根据学生完成情况进行考核，建议教师主要通过肯定成绩引导学生，同时对于存在的问题要反馈给学生
小组互评	100		主要从知识掌握、小组活动参与度等方面给予中肯评价
总评	100		总评成绩＝自评成绩×30％＋指导教师评价×50％＋小组评价×20％

项目三 建筑施工图识读

笔记

项目导入

建筑工程图的组成与特点

想一想

1. 一套建筑工程图包括哪些图纸，它们分别是按照什么原理绘制的？

2. 有哪些措施可以让图纸更容易读懂？

一、建筑工程图的组成

建筑工程图是建筑工程建设项目共同的技术语言，是表达设计思想、交流设计意图、组织工程施工、完成工程预算的重要依据。房屋建筑中除组成建筑自身的各部分外，还配置了满足生活、工作所必须的给水排水设施、供暖设施、电气设施和进行必要的装饰。建筑工程图必须将对整个房屋建筑的设计思路和以上内容的设计意图按专业分工表达出来，所以就出现了不同专业的图样，并按照一定的顺序编排出来。建筑工程施工图的组成如图 3-0-1 所示。

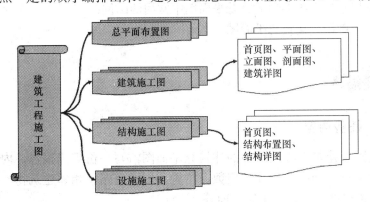

图 3-0-1　建筑工程施工图的组成

二、建筑工程图的特点

建筑工程图图样绘制和图示特点一般有以下几点：

（1）建筑工程图中的图样是依据所学过的投影原理绘制的。其中房屋的平、立、剖面图是用正投影法绘制的。设备图中部分图样，如给水排水专业和暖通等专业施工图中常用轴测投影图表达各种管道的空间位置及其相互关系。

@网络空间

思政小课堂：王澍谈建筑

（2）房屋的平、立、剖面图采用小比例绘制，对无法表达清楚的部分采用大比例绘制的建筑详图来进行表达。

（3）对于有些建筑细部、构件形状及建筑材料等，往往不能如实画出，也难以用文字注释来表达清楚，一般按统一规定的图例和代号来表示，可以得到简单而明了的效果。

（4）房屋构造、配件、设备及所使用的建筑材料均采用国家标准规定的图例、符号或代号来表示。

（5）为了使建筑施工图中的各图样重点突出、活泼美观，采用了多种线型来绘制，线型的应用必须符合国家标准的规定。

做一做

回忆在项目二中所学到的建筑工程图的画法规定，如标高、多层构造引出线、详图符号和索引符号等画法规定，查阅附录中学生公寓的图纸，找出相关的例子，并记录下来，组内同学进行交流、讨论。

任务 3.1　建筑总平面图识读

任务学习目标

通过本任务的学习，学生实现以下目标：

□ 了解建筑工程图的组成；
□ 了解房屋建筑工程图的特点；
□ 掌握总平面图的形成、总平面图中常用的图例；
□ 能正确识读建筑总平面图。

任务描述

一、任务内容

识读附录建筑工程图纸中的建筑总平面图，写一份识读报告，内容包括：新建建筑名称、朝向、尺寸、层数、位置，周边道路、相邻建筑物、绿化、河流等情况；坐标、标高、主导风向等。

二、实施条件

（1）附录建筑工程图纸中的建筑总平面图。
（2）A4 纸若干。

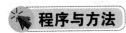

步骤一 识读图名与文字说明

 相关知识

一、总平面图的形成

总平面图是假想观察者站在高空，将新建的建筑物连同周围一定范围内的建筑物、构筑物、道路、绿化等向水平投影面作出的水平投影图。总平面图主要表明新建建筑的实际地理位置、平面轮廓形状、朝向、占地面积、地貌地形、标高、道路和绿化，以及周围环境的布置等情况。

二、总平面图的作用

总平面图是新建建筑的施工定位放线、土方施工及施工现场布置的依据，也是绘制水、暖、电、煤气等设备管线平面布置图的依据。

三、总平面图的比例

由于总平面图需要表达的范围较大，所以通常采用 1：500、1：1 000、1：2 000 等小比例绘制。

做一做

识读附录中总平面图，记录图名、比例及文字说明。

步骤二 识读图例

相关知识

由于建筑总平面图图示内容多，绘图比例小，为了便于表达和识读，图中常见的内容一般用相应的图例表达。建筑总平面图常用的图例见表 3-1-1。

表 3-1-1 总平面图图例

名称	图例	说明	名称	图例	说明
新建建筑物	8 ▲		室内标高	151.00（±0.00）▽	
原有建筑物		用细实线表示	室外标高	● 143.00 ▼ 143.00	
计划扩建的预留地或建筑物		用中粗虚线表示	建筑物下面的通道		
拆除的建筑物	×——× ×——×	用细实线表示	落叶阔叶乔木		

网络空间

思政小课堂：某学生公寓总平面图

117

名称	图例	说明	名称	图例	说明
坐标	X 105.00 Y 425.00 A 105.00 B 425.00	上图表示测量坐标，下图表示建筑坐标	常绿阔叶灌木		
围墙及大门		上图为实体性质的围墙，下图为通透性质的围墙，若仅表示围墙时不画大门	草坪		
截水沟	—40.00	"1"表示1%的沟底纵向坡度，"40.00"表示变坡点间距离，箭头表示水流方向	台 阶		
方格网交叉点标高	−0.50 | 77.85 78.35	"78.35"为原地面标高，"77.85"为设计标高，"−0.50"为施工高度；"−"表示挖方（"+"表示填方）	敞棚或敞廊		
填挖边坡或护坡		1. 边坡较长时，可在一端或两端局部表示； 2. 下边线为虚线时表示填方	铺砌场地		

笔记

做一做

识读附录中总平面图，小组讨论、交流新建建筑名称、层数、位置、周边道路及相邻建筑物情况，并做好识读记录。

步骤三 识读尺寸与定位坐标

相关知识

新建建筑的定位方式有两种：一种是以周围道路中心线或建筑物为参照物，标明新建建筑与其周围道路中心线或建筑物的相对位置尺寸；另一种是以坐标表示新建建筑的位置。当新建建筑区域所在地形较为复杂时，为了保证施工放线的准确，常用坐标定位。坐标定位可分为测量坐标和建筑坐标两种。

（1）测量坐标就是将地形图上的坐标网，用细实线引测到建设用地画出。坐标网一般为 100 m×100 m 或 50 m×50 m 的方格网。

（2）建筑坐标（又称施工坐标）就是将建设地区的某一点定为坐标原点，画出尺寸为 100 m×100 m 或 50 m×50 m 的方格网，并使方格网的一个边线与建筑物主轴方向平行，以此来确定用地范围，表明新建建筑物位置。建筑坐标适用于房屋朝向与测量坐标方向不一致的情况。

 做一做

识读附录中总平面图，小组讨论、交流新建建筑总尺寸、定位尺寸或定位坐标，并做好识读记录。

步骤四　识读标高

 相关知识

总平面图中对不同高度的地坪均应标注标高，一般标注绝对标高。总平面图室外地坪标高符号宜用涂黑的三角形表示，如图 3-1-1（a）所示。室内标高符号如图 3-1-1（b）所示。在总平面图中标高数字可注写到小数点后第二位。

（a）　　　　　　　　　　（b）

图 3-1-1　总平面图中标高符号

 做一做

识读附录中总平面图，小组讨论、交流新建建筑室内外标高、新建建筑零标高所对应的绝对标高，并做好识读记录。

步骤五　识读朝向和当地风向

 相关知识

风玫瑰图也称风向频率玫瑰图，是将某一地区多年平均统计的各个风向出现的频率按一定比例绘制所得的图。由于该图的形状形似玫瑰花朵，故名"风玫瑰图"。

在风玫瑰图中，频率最大的方位表示该风向出现次数最多。粗实线表示全年风向频率；虚线表示夏季风向频率，按 6、7、8 三个月统计；细实线表示冬季风向频率，如图 3-1-2 所示。

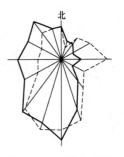

图 3-1-2　风玫瑰图

 做一做

识读附录中总平面图，小组讨论建筑朝向及本地区常年的主导风向。

笔记

步骤六　总平面图识读分析

识读总平面图时，一是要关注新建建筑的定位坐标或定位尺寸，以及其平面尺寸，为新建建筑的定位放线做准备；二是要关注新建建筑的层数、平面形状及它与周围环境，如原有建筑、道路、绿化等的关系，以便能合理地安排施工现场；三是要关注新建建筑的各部分标高及地形地貌，为安排好土方施工做准备。

 **做一做**

根据以上各步骤所学内容及方法对建筑平面图的图示内容、图示方法进行分析总结，归纳、梳理识读步骤和识读内容，撰写识读报告。

> **学点术语**
>
> 1. 用地红线：用地红线是用地范围的规划控制线。例如，一个居住区的用地红线就是这个居住区的最外边界线，居住区的建筑和绿化及道路只能在用地红线内进行设计。
>
> 2. 建筑红线：建筑红线一般称为建筑控制线，是建筑物基地位置的控制线，即建筑物与地面接触的范围线。

巩固与训练

一、知识巩固

对照图 3-1-3，梳理自己所掌握的知识体系，并与同学相互交流、研讨个人对某些知识点或技能技巧的理解。

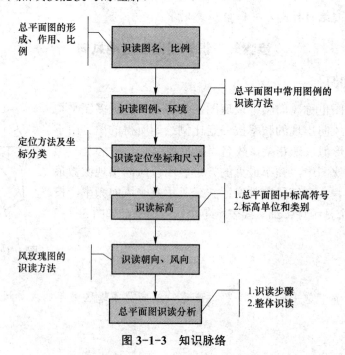

图 3-1-3　知识脉络

二、自学训练

上网查阅用地红线、建筑红线等相关知识，组内同学之间进行交流、讨论。

任务 3.2　首页图、建筑平面图识读

任务学习目标

通过本任务的学习，学生实现以下目标：

□ 了解首页图的内容；
□ 掌握首页图的识读方法；
□ 了解建筑平面图的形成；
□ 掌握建筑平面图的图示内容和图示方法；
□ 能正确识读建筑平面图。

任务描述

一、任务内容

识读附录建筑施工图中首页图和建筑平面图，写一份识读报告，内容包括工程概况、设计标准（耐火等级、防水等级、结构类型等）、工程做法及材料要求（墙体、楼地面、门窗、屋面、装饰、节能等）；各层房间的平面布置、用途、名称，房屋的入口、走道、楼梯等的位置，门窗类型及编号，室外台阶、散水、雨篷、阳台等构配件，轴线编号、剖切符号、索引符号，室内外标高，内部尺寸、外部尺寸，建筑的朝向等。

二、实施条件

（1）建筑施工图图纸目录、建筑设计说明、建筑平面图等。
（2）A4 纸若干。

网络空间

建筑施工图

程序与方法

步骤一　识读首页图

相关知识

首页图是一套建筑施工图的第一页图纸，其内容包括图纸目录、设计说明（或施工总说明）、工程做法表、门窗表等。

一、读图纸目录

图纸目录就像一本书的目录一样，放在图纸内容的最前面。图纸目录一般

以表格的形式列出图纸编号、图别、图纸名称、张数及备注等项目。

 做一做

识读建筑施工图、结构施工图图纸目录，记录该套图纸建筑施工图和结构施工图各包括哪些图。

二、读设计说明

设计说明主要说明建筑工程概况和总的要求。其内容包括工程设计依据、设计标准（建筑标准、抗震要求、耐火等级、防水等级、结构荷载等级等）、建设规模、工程做法及材料要求等。

做一做

阅读附录中建筑施工图的建筑设计说明，小组交流、讨论该建筑的面积、层数、耐火等级、防水等级、抗震设防烈度等。

三、读工程做法表和门窗表

工程做法表用来详细说明建筑物各部位的构造做法，是现场施工备料、施工监理、工程预决算的重要技术文件。

门窗表用来列出建筑物中门窗所采用的类型、编号，对应的洞口尺寸、数量及对应的标准图集的编号等，是门窗现场加工备料或采购定做、施工监理、工程预决算的重要依据。

做一做

1. 阅读附录建筑施工图中的工程做法表或室内装修表，小组交流、讨论其屋面、楼梯间的内墙面、顶棚、楼面、地面分别采用什么做法。

2. 阅读附录建筑施工图中的门窗表，小组交流、讨论该建筑用了几种类型的门窗，代号、规格、开启方式分别是怎样的。

网络空间

思政小课堂：火神山－中国速度

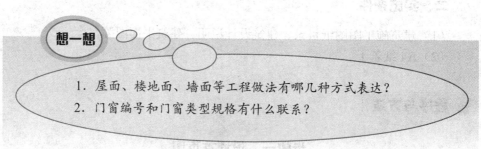

想一想

1. 屋面、楼地面、墙面等工程做法有哪几种方式表达？

2. 门窗编号和门窗类型规格有什么联系？

步骤二　识读图名与比例

相关知识

一、建筑平面图的形成

建筑平面图包括楼层平面图和屋顶平面图。楼层平面图是用一个假想的水平剖切平面，在建筑物每层窗台顶面的位置（是指窗台以上、过梁以下的空间）剖开整幢房屋，移出剖切平面上方的部分，将剖切平面以下的部分投影到水平面上，所得的水平剖面图，如图 3-2-1 所示。屋顶平面图与楼层平面图不同，是假想观察者站在建筑物的上方向下看，得到的屋顶的水平正投影图。

微课资源：底层建筑平面图的形成

微课资源：标准层建筑平面图的形成

微课资源：顶层建筑平面图的形成

网络空间

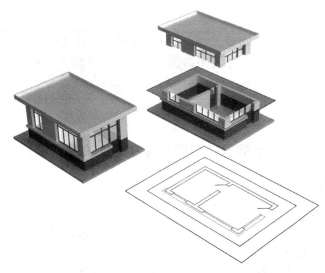

图 3-2-1　建筑平面图的形成过程

二、建筑平面图的命名与图示方法

一般来说，建筑有几层就应画几个楼层平面图，并根据对应的楼层进行命名，注写在图的下方，如底层（一层）平面图、二层平面图、三层平面图、……、顶层平面图等。

在实际建筑工程中，建筑的中间楼层平面布局往往相同，这时可用一个平面图来表达这些中间布局相同楼层的平面图，该平面图一般以"标准层平面图"或"×～×层平面图"命名。

因为楼层平面图是水平剖面图，所以绘图时应按剖面图的绘图方法绘制，被剖切到的墙、柱轮廓线用粗实线；门的开启方向线，窗的轮廓线，台阶、雨篷、散水、阳台等次要构件的轮廓线都用细实线。

三、建筑平面图的比例

建筑平面图采用的比例有 1 ： 50、1 ： 100、1 ： 150、1 ： 200 等，常用比例为 1 ： 100。屋顶平面图常用比例为 1 ： 100 或 1 ： 200。

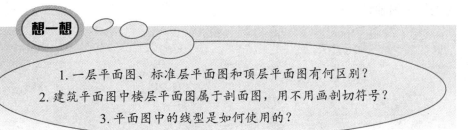

想一想

1.一层平面图、标准层平面图和顶层平面图有何区别？

2.建筑平面图中楼层平面图属于剖面图，用不用画剖切符号？

3.平面图中的线型是如何使用的？

做一做

1. 识读附录建筑施工图中某一平面图，组内同学交流表述它的形成过程。

2. 识读附录建筑施工图中某一建筑平面图，向组内同学介绍图中共用了几种线型。

提示 识读平面图时，从底层平面图开始，依次识读二层平面图、三层平面图（或标准层平面图），再识读顶层平面图。每个平面图都需按照步骤二到步骤七的顺序进行识读。

步骤三 识读朝向与定位轴线

 相关知识

一、指北针

指北针一般绘制在建筑工程图的总平面图和建筑底层平面图中，用于指示建筑物的方向。其由直径为 24 mm 的细实线圆和指针组成。指针应通过圆心，头部应注写"北"或"N"字，尾部宽度为 3 mm，如图 3-2-2 所示。当需要用较大直径绘制指北针时，指针尾部宽度宜为直径的 1/8。

图 3-2-2 指北针

二、定位轴线

定位轴线是确定建筑物主要结构构件（如承重墙、承重柱、梁等）的位置及标志尺寸的基准线。其是施工中定位、放线的重要依据。定位轴线用细单点长画线绘制，端部用细实线画直径为 8 ~ 10 mm 的圆，并在圆内进行编号。

定位轴线可分为平面定位轴线、横向定位轴线和纵向定位轴线。平面定位轴线一般按纵、横两个方向分别编号。横向定位轴线应用阿拉伯数字，从左至右顺序编号；纵向定位轴线应用大写拉丁字母，从下至上顺序编号，如图 3-2-3 所示。大写拉丁字母中的 I、O、Z 不得用于轴线编号。

当有附加轴线时，附加轴线的编号应用分数表示。分母用前一轴线的编号或后一轴线的编号前加零表示；分子表示附加轴线的编号，编号宜用阿拉伯数字顺序编，例如，⑫表示②号轴线后附加的第一根轴线；③C表示C号轴线后附加的第三根轴线；⑩表示①号轴线前附加的第一根轴线；⑩A表示A号轴线前附加的第三根轴线。

笔记

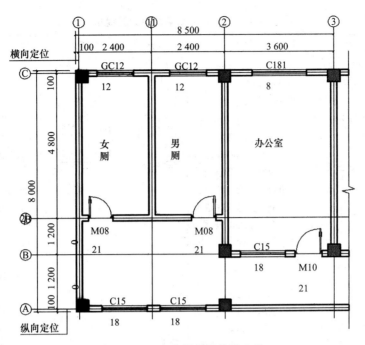

图 3-2-3　定位轴线的编号方法

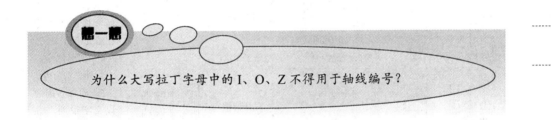

为什么大写拉丁字母中的 I、O、Z 不得用于轴线编号？

做一做

1. 识读附录中建筑施工图的底层平面图，识读建筑的朝向，小组交流、讨论建筑物的入口位置。

2. 识读平面图中横向定位轴线和纵向定位轴线编号，小组交流、讨论墙柱的位置。

步骤四　识读房屋内部布置和外部设施

相关知识

对于建筑平面图中经常要表达的内容，为了使表达方便、统一，制图标准中规定了建筑施工图中常用的图例和符号，见表3-2-1。

表 3-2-1　建筑施工图中常用的图例和符号

名称	图例	说明	名称	图例	说明
单层外开平开窗		1. 窗的名称代号用 C 表示。 2. 平面图中，下为外、上为内。 3. 立面图中，开启线实线为外开、虚线为内开。开启线交角的一侧为安装合页一侧。开启线在建筑立面图中可不表示，在门窗立面大样图中需绘出。 4. 剖面图中，左为外、右为内，虚线仅表示开启方向，项目设计不表示。 5. 附加纱窗应以文字说明，在平、立、剖面图中均不表示。 6. 立面形式应按实际情况绘制	单扇门（包括平开或单面弹簧）		1. 门的名称代号用 M 表示。 2. 平面图中，下为外、上为内。门开启线为90°、60°或45°，开启弧线宜绘出。 3. 立面图中，开启线实线为外开、虚线为内开，开启线交角的一侧为安装合页一侧。开启线在建筑立面图中可不表示，在立面大样图中可根据需要绘出。 4. 剖面图中，左为外、右为内。 5. 附加纱扇应以文字说明，在平、立、剖面图中均不表示。 6. 立面形式应按实际情况绘制
单层内开平开窗			双扇门（包括平开或单面弹簧）		
上拉窗		1. 窗的名称代号用 C 表示。 2. 立面形式应按实际情况绘制	对开折叠门		
推拉窗			双扇内外开双层门（包括平开或单面弹簧）		
楼梯		1. 上图为顶层楼梯平面，中图为中间层楼梯平面，下图为底层楼梯平面。 2. 需设置靠墙扶手或中间扶手时，应在图中表示	高窗	$h=$	
			旋转门		1. 门的名称代号用 M 表示。 2. 立面形式应按实际情况绘制

126

名称	图例	说明	名称	图例	说明
楼梯		1．上图为顶层楼梯平面，中图为中间层楼梯平面，下图为底层楼梯平面。 2．需设置靠墙扶手或中间扶手时，应在图中表示	烟道		1．阴影部分可以涂色代替。 2．烟道与墙体为同一材料，其相接处墙身线应断开
坡道		长坡道	通风道		
		上图为两侧垂直的门口坡道，中图为有挡墙的门口坡道，下图为两侧找坡的门口坡道	检查孔		左图为可见检查孔，右图为不可见检查孔

笔记

想一想

1．常用的门窗有哪些类型？什么地方会用到防火门？

2．门窗在平面图中的图例为什么是四条细实线？

做一做

先自主识读图纸，再小组进行交流、讨论，做好以下几个方面的识读记录：

1．房屋的整体平面形状、内部的平面布置。房间功能划分，走廊、楼梯、卫生间等的位置。

2．室外台阶、散水、雨篷、阳台、无障碍坡道等外部设施的情况。

3．楼梯的形式等。

步骤五　识读门窗位置及编号

识读图纸上门窗的设置位置、类型、编号及数量等情况，与首页图中的门窗表进行对照。

步骤六　识读尺寸、标高、索引符号

相关知识

建筑平面图中标注的尺寸一般为结构表面尺寸，即不包括装饰装修层的厚度。根据建筑平面图中尺寸标注的对象，尺寸标注可分为外部尺寸和内部尺寸两种。

一、外部尺寸

外部尺寸一般标注三道：第一道尺寸即最里一道的细部尺寸，表示门窗洞口、间窗墙体等细部尺寸，以及细小部分的构造尺寸、外墙门窗的大小与轴线的关系等；第二道尺寸即中间一道的定位尺寸，表示轴线尺寸，也即房间的开间与进深尺寸；第三道尺寸即最外一道的总尺寸，是指从建筑一端外墙面到另一端外墙面的全长（或全宽）尺寸。室外台阶（或坡道）的尺寸一般单独标注。

二、内部尺寸

内部尺寸是用来标注内部门窗洞口的宽度、墙身厚度及固定设备大小、位置等的尺寸，一般只标注一道尺寸线。

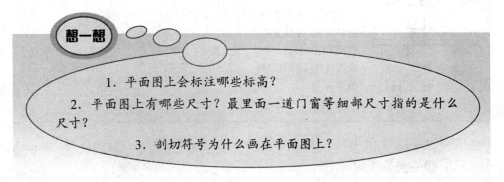

想一想

1. 平面图上会标注哪些标高？
2. 平面图上有哪些尺寸？最里面一道门窗等细部尺寸指的是什么尺寸？
3. 剖切符号为什么画在平面图上？

做一做

自主识读附录中平面图，组内同学进行交流、讨论，做好以下几个方面的识读记录：

1. 室外标高、楼地面标高，三道外部尺寸，内部尺寸。
2. 索引符号和剖切符号。

步骤七　平面图识读分析

平面图识读的要点是在施工前对图纸进行全面、细致的熟悉，并与立面图、剖面图及结构施工图进行对照识读，检查出施工图中存在的问题及不合理的情况，并提交设计单位进行处理。

做一做

根据以上各步骤所学内容及方法对建筑平面图的图示内容、图示方法进行分析总结，归纳、梳理识读步骤和识读内容，撰写识读报告。

| 1. 横向：建筑物宽度方向。 |
| 2. 纵向：建筑物长度方向。 |
| 3. 开间：一间房屋的面宽，即两条横向定位轴线之间的距离。 |
| 4. 进深：一间房屋的深度，即两条纵向定位轴线之间的距离。 |

巩固与训练

一、知识巩固

对照图 3-2-4，梳理自己所掌握的知识体系，并与同学相互交流、研讨个人对某些知识点或技能技巧的理解。

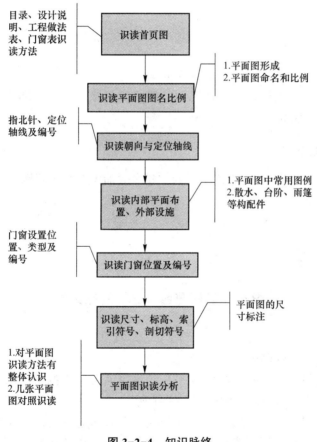

图 3-2-4　知识脉络

二、自学训练

（1）根据任务 3.2 的工作步骤及方法，利用所学知识，自主完成某工程建筑平面图的识读，并做好识图记录，组内同学相互交流识读内容。

（2）观察所在的教室，想象其平面图，估算其平面尺寸，徒手绘制其平面图，并在小组内展示、交流，相互取长补短。

任务 3.3　建筑立面图识读

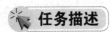任务学习目标

通过本任务的学习，学生实现以下目标：

☐ 了解建筑立面图的形成和命名方法；

☐ 掌握建筑立面图的图示内容和图示方法；

☐ 能对照建筑平面图正确识读建筑立面图。

任务描述

一、任务内容

识读附录中建筑施工图的建筑立面图，写一份识读报告，内容包括、建筑的外形，门窗、雨篷、台阶的情况，外墙装饰装修做法、各部位标高、门窗的定形定位尺寸、层高尺寸等。

二、实施条件

（1）建筑施工图中的建筑平面图、建筑立面图及相关详图。

（2）A4 纸若干。

程序与方法

步骤一　识读图名、比例及轴线编号

 相关知识

一、建筑立面图的形成

建筑立面图是在与建筑物立面平行的投影面上所作的房屋的正投影图，简称立面图。建筑立面图的形成如图 3-3-1 所示。

立面图主要表示建筑物的外形和外貌，反映房屋的高度、层数、屋顶及门窗的形式、大小和位置；表示建筑物立面各部分配件的形状及相互关系、墙面做法、装饰要求、构造做法等，是进行建筑物外装修的主要依据。

二、建筑立面图的命名

建筑物一般有四个立面图，如图 3-3-2 所示。各立面图的命名方法如下：

（1）按照建筑物各立面的朝向命名：即属于朝向哪个方向立面的就为此向立面图，如朝北的立面图样就称为北立面图。

微课资源：建筑立面图的形成

（2）按照立面特征命名：一般将建筑物主要出入口所处的立面或是能够显著反映建筑物外貌特征的立面称为正立面图，与其相对的称为背立面图，其余的为侧立面图（包括左立面图和右立面图）。

（3）根据建筑物两端首尾定位轴线的编号命名（注意：左侧轴线编号在前，右侧轴线编号在后），如图3-3-2所示的立面图图名也为①～⑦立面图。

（4）对于平面形状曲折的建筑物，如圆形、曲线形或折边形平面的建筑物，可分段展开绘制立面图，并在图名后加注"展开"字样。

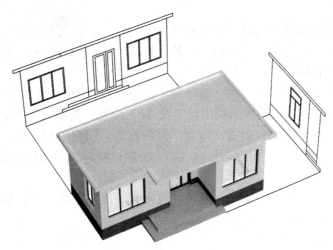

图3-3-1 建筑立面图的形成

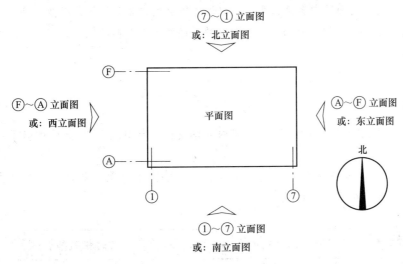

图3-3-2 建筑立面图的命名

一般建筑有四个立面图，每个立面图都需按照步骤一到步骤五的顺序进行识读。

做一做

1. 识读附录中建筑立面图，组内同学交流、讨论它是采用哪种方式命名的及图名的含义。

2. 组内同学交流、讨论该立面图的另外两种命名方式。

步骤二　识读房屋层数与立面外形

 相关知识

立面图主要表明房屋建筑的立面外形和外貌，其包括外形轮廓、门窗、挑檐、雨篷、阳台、台阶、遮阳板、屋顶、雨水管、勒脚、散水、墙面及其装饰线、装饰物等的形状及位置等。

为使建筑立面图主次分明、清晰明了，应注意线型的应用。一般建筑物的外轮廓和有较大转折处的投影线用粗实线（b）绘制；其他如外墙上凹凸部位、壁柱、门窗洞口、挑檐、雨篷、阳台、遮阳板等，门窗细部分格、雨水管、勒脚和其他装饰线条等，用细实线（0.25b）绘制；室外地坪线用加粗实线（1.4b左右）绘制。

门窗、挑檐、雨篷、阳台、台阶、遮阳板、屋顶、雨水管、勒脚、散水等可对照平面图进行识读。

笔记

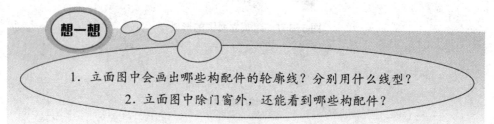

想一想

1. 立面图中会画出哪些构配件的轮廓线？分别用什么线型？

2. 立面图中除门窗外，还能看到哪些构配件？

 做一做

1. 对照平面图识读立面图，组内同学交流、讨论立面图上反映出了哪些构配件。

2. 对照平面图识读立面图，正确表述哪些门上设置了雨篷、有几个雨水管等，组内同学互相交流讨论。

 提示　门窗在立面图的图例查阅任务3.2步骤四的相关知识。

步骤三　识读标高、尺寸和索引符号

 相关知识

立面图上标注的必要的尺寸和标高。一般注写的标高部位有室内外地坪、各层楼面、檐口、屋脊、女儿墙、雨篷、门窗、台阶等处。

对于建筑立面图中不能确切表达的图样做法，需要画出详图或引用标准做法，这时需要在立面图对应的位置标注索引符号。

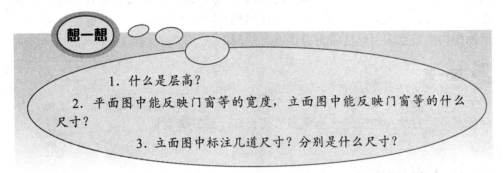

想一想

1. 什么是层高？

2. 平面图中能反映门窗等的宽度，立面图中能反映门窗等的什么尺寸？

3. 立面图中标注几道尺寸？分别是什么尺寸？

学点术语

1. 建筑构配件：建筑物是由若干个大小不等的室内空间组合而成的，而空间的形成又需要各种各样的实体来组合，这些实体称为建筑构配件。建筑物当中的主要构配件有楼板、墙体、柱子、基础、梁等，次要构配件包括门窗、阳台、雨篷、台阶、散水等。

2. 层高：层高是指上下两层楼面（或地面至楼面）标高之间的垂直距离，其中，最上一层的层高是其楼面至屋面（最低处）标高之间的垂直距离。

3. 建筑高度：建筑高度是指建筑物室外地面到其檐口或屋面面层的高度。屋顶上的水箱间、电梯机房、排烟机房和楼梯出口小间等，不计入建筑高度。

做一做

1. 组内同学交流、讨论立面图中各部位的标高。

2. 根据上面所学内容，正确表述立面图中门窗的定形尺寸、定位尺寸，层高尺寸；组内同学互相交流。

步骤四　识读外墙装饰装修做法

相关知识

在立面图上，应用引出线加文字说明注明墙面各部位所用的装饰装修材料、颜色、施工做法等。

做一做

根据上面所学到的知识，正确表述立面图外墙装饰装修做法，并在组内同学之间互相交流。

步骤五 立面图识读分析

立面图识读的要点是立面图的命名与比例，竖向尺寸与标高，门窗、入口坡道、雨篷、屋面造型，外立面的装饰要求等。还需要重点审查其表达的内容是否与平面图一致，平面图中未能表达清楚的窗，立面图中是否标注编号；立面图中构造节点索引标注是否有误或者缺漏。

做一做

根据以上各步骤所学内容及方法对建筑立面图的图示内容、图示方法进行分析总结，归纳、梳理识读步骤和识读内容，撰写识读报告。

巩固与训练

一、知识巩固

对照图 3-3-3，梳理所掌握的知识体系，并与组内同学相互交流、研讨个人对某些知识点或技能技巧的理解。

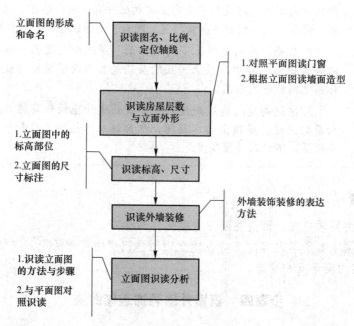

图 3-3-3 知识脉络

二、自学训练

（1）根据任务 3.3 的工作步骤及方法，利用所学知识，自主完成附录中住宅的建筑立面图的识读（注意与平面图对照识读），并做好识图记录。小组内相互交流识读内容。

（2）在校园内选择一幢楼，观察其某一立面，徒手绘制其立面图，并在小组内展示、交流，相互取长补短。

任务 3.4 建筑剖面图识读

任务学习目标

通过本任务的学习，学生实现以下目标：

□ 了解建筑剖面图的形成；

□ 掌握建筑剖面图的图示内容和图示方法；

□ 能结合平面图、立面图正确识读建筑剖面图。

任务描述

一、任务内容

识读附录中建筑施工图的建筑剖面图，写一份识读报告，内容包括：各层主要承重构件间的相互关系，各层梁、板及其与墙柱的关系，屋顶结构及天沟构造形式，各部位标高、尺寸，主要承重构件的材料；各层剖切到的部位和构配件，未剖到的可见部分等。

二、实施条件

（1）建筑施工图一套。

（2）A4 纸若干。

程序与方法

步骤一 识读图名、比例、定位轴线

相关知识

一、建筑剖面图的形成

假想用一个铅垂剖切平面将建筑物从适当位置剖开，移去观察者与剖切平面之间的部分，将剩余部分向平行于剖切平面的投影面作正投影，所得到的图样称为建筑剖面图，如图 3-4-1 所示。

二、建筑剖面图的剖切位置及数量

建筑剖面图的剖切位置应选择在能反映建筑结构全貌、构造比较复杂的部位（如楼梯间），并应尽量剖切到门窗洞口的位置。

剖面图的数量应根据建筑结构的复杂程度来确定，对于结构简单的建筑工程，一般只画一个剖面图，并且多为横剖面图。当工程规模较大或建筑结构较

@ 网络空间

微课资源：建筑剖面图形成

复杂时，则需要根据实际需要确定剖面图的剖切位置和数量，有时要作出纵向剖面图（剖切平面平行于正面）。

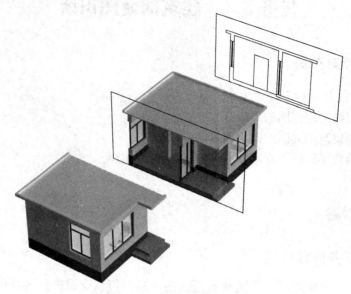

图 3-4-1　建筑剖面图的形成

三、建筑剖面图的命名

剖面图的剖切符号一般标注在底层平面图上，剖面图的图名与剖切符号的编号一致。

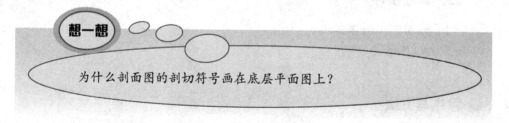

想一想

为什么剖面图的剖切符号画在底层平面图上？

 做一做

识读附录中建筑剖面图的图名，根据上面所学的知识，正确表述该剖面图的形成过程，并在组内同学之间互相交流。

步骤二　识读剖切到的部位和构配件

相关知识

建筑剖面图主要表达建筑中被剖切到的梁、柱、墙体、楼面、室内地面、室外地坪、门窗洞口等，以及未被剖切到的剩余部分，图示方法因图示内容而不同。

（1）剖切到的主要构配件如梁、墙体、楼板、屋面板、平台板、平台梁等，断面轮廓用粗实线绘制，内部用相应的材料图例进行填充。当比例大于等于 1 ： 50 时，材料图例用实际的材料图例；当比例小于 1 ： 50 时，可采用简化的材料图例，钢筋混凝土断面涂黑。

（2）剖切到的次要构配件，如门、窗、雨篷等的轮廓线用细实线绘制。

（3）剖切到的建筑结构表面的装饰装修构造，如梁和墙体的饰面、楼面和室内外地坪的面层、顶棚、墙裙、勒脚等，用细实线绘制。

做一做

先自主识读附录图纸中的剖面图，做好以下几个方面的识读记录，并与组内同学交流识读内容：

1. 剖面图中剖切到哪些部位，如台阶、宿舍、楼梯间等。剖切到哪些次要构配件，如门、窗、雨篷等。

2. 该建筑是何种结构类型。

3. 剖切到的楼梯为几跑，是板式结构还是梁板式结构。

步骤三 识读可见的构配件

对照平面图识读剖面图中未被剖切到但能看到的构配件。未被剖切到的构配件，如墙体、柱、门窗、梁等，其投影用细实线绘制。

步骤四 识读尺寸、标高、索引符号

相关知识

高度尺寸应标出墙身垂直方向的分段尺寸，如门窗洞口、窗间墙等的高度尺寸。标高应标注出室内外地面、各层楼面、阳台、楼梯平台、檐口、屋脊、女儿墙、雨篷、门窗、台阶等处的标高。

建筑剖面图中标注的高度尺寸，可分为外部尺寸和内部尺寸两种。

（1）外部尺寸。外部尺寸一般标注三道：第一道尺寸即最里面一道细部尺寸，表示门窗洞口、墙体造型等细部的构造尺寸；第二道尺寸即中间一道层高尺寸；第三道尺寸即最外一道的总尺寸，是指从建筑室外设计地坪到建筑物屋顶的高度，表示建筑物的总高。

（2）内部尺寸。内部尺寸用来标注各层净空大小、内部门窗洞口的高度和宽度、墙身厚度以及固定设备大小等。

做一做

自主识读附录图纸中的剖面图，做好以下几个方面的识读记录，并与组内同学讨论、交流：

1. 剖面图中各部位标高。

2. 各构件尺寸：Ⓐ轴、Ⓕ轴上各层窗台高、窗高分别是多少？女儿墙高是多少？建筑的层高、总高是多少？

3. 剖面图中的索引符号，并结合相应的详图了解节点构造。

笔记

步骤五　剖面图识读分析

剖面图的识读要点是图名和比例，剖切位置，竖向尺寸及标高，门窗、入口台阶、雨篷、女儿墙、栏杆、屋面造型等。重点需要审查剖面图中轴线编号、尺寸、标高标注是否有误或缺漏，剖面图表达的内容是否完整。

做一做

根据以上各步骤所学内容及方法对建筑剖面图的图示内容、图示方法进行分析总结，归纳梳理识读步骤和识读内容，撰写识读报告。

巩固与训练

一、知识巩固

对照图 3-4-2，梳理所掌握的知识体系，并与同学相互交流、研讨个人对某些知识点或技能技巧的理解。

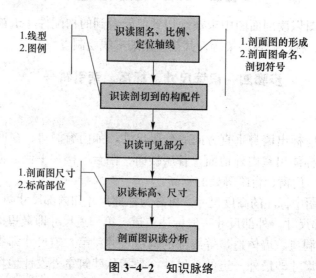

图 3-4-2　知识脉络

二、自学训练

（1）根据任务 3.4 的工作步骤及方法，利用所学知识，自主完成某工程建筑剖面图的识读，并做好识图记录，组内同学相互交流识读内容。

（2）观察教室或宿舍，选择合适的剖切位置，估算其尺寸，徒手绘制剖面图，并在小组内展示、交流，相互取长补短。

任务 3.5 　建筑施工图绘制

任务学习目标

通过本任务的学习，学生实现以下目标：
□ 掌握建筑平面图绘制的方法与步骤；
□ 掌握建筑立面图绘制的方法与步骤；
□ 掌握建筑剖面图绘制的方法与步骤；
□ 能按照建筑制图标准正确抄绘建筑施工图。

笔记

任务描述

一、任务内容

在识读某工程建筑施工图的基础上，熟悉图纸的细节，抄绘图纸中的平面图、立面图、剖面图各一张，比例采用图上标注的比例，自主确定图纸幅面。要求绘图正确、符合制图标准、布局合理、图面整洁、线型分明。

二、实施条件

（1）图板、丁字尺、三角板、圆规、铅笔、橡皮等绘图工具。
（2）建筑施工图一套，相关图集。
（3）图纸 3 张（根据所抄绘的图样及比例选用合适的图幅）。

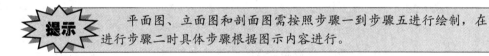

提示　平面图、立面图和剖面图需按照步骤一到步骤五进行绘制，在进行步骤二时具体步骤根据图示内容进行。

程序与方法

步骤一　确定图幅，布局

根据图纸的比例和尺寸，选择合适的图纸幅面，画好图框、标题栏，合理布置图面。图样在图纸中布局要合理、匀称，位置适宜。

想一想

在图纸布局时应该注意什么？

步骤二　画底稿

按照任务 3.2～任务 3.4 平面图、立面图和剖面图，以及任务 2.2 墙身详图、任务 2.5 楼梯详图、任务 2.6 屋顶平面图的识读步骤认真识读某工程建筑施工图，弄清楚每一部分内容和细节，并在此基础上绘制平、立、剖面图的底稿。

 提示　注意图中线型的正确使用，注意单点长画线、虚线等线型的画法。

 相关知识

一、平面图绘制步骤

（1）画出定位轴线。

（2）画出建筑主要结构轮廓，如柱、墙体等。

（3）画出细部，如门窗、台阶、楼梯、卫生设备、散水、剖切符号、索引符号等。

二、立面图绘制步骤

（1）画出室外地坪、外墙轮廓、屋顶线及两端的定位轴线。

（2）根据层高和门窗洞口的标高，画出门窗洞口、阳台、檐口、雨篷等。

（3）画出门窗分格、阳台栏杆（或栏板）、雨水管等细部。

三、剖面图绘制步骤

（1）画出定位轴线、室内外地坪线、楼面线、屋面线。

（2）画出内外墙身厚度、楼板厚度、屋面构造厚度。

（3）画出可见的构配件的轮廓线，包括门窗、楼梯梯段、台阶、阳台、女儿墙等。

想一想

1. 如何保证布局合理，少返工？

2. 画图时如何提高绘图速度？

3. 平面图中柱、墙厚、楼梯踏面、散水等没有标注尺寸或尺寸标注不完整，应分别从何处识读？

4. 立面图中门窗的分格、墙面的分格线可以随便画吗？

5. 剖面图中楼板厚度、楼梯平台板的厚度、平台梁的高度等应分别从何处识读？

步骤三　加深

经检查无误后，按规定的线型用 2B 或 HB 铅笔加深图线。注意线型应使用正确，细实线要清晰、均匀，粗实线宽度、深度都保持均匀，线型要分明。

步骤四 标注尺寸和文字说明

注写房间名称、定位轴线编号、门窗代号、图名、标注尺寸、标高、外墙装修做法、索引符号及其他文字说明等。

> **提示** 尺寸标注、符号都要符合制图标准，汉字写长仿宋字，数字写工程数字，字高保持一致。

步骤五 图纸完善

填写标题栏，加深标题栏外框与图框，完成作图。

巩固与训练

一、知识巩固

对照图 3-5-1，梳理所掌握的知识体系，并与同学相互交流、研讨个人对某些知识点或技能技巧的理解。

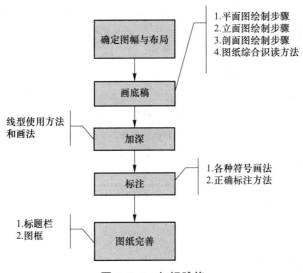

图 3-5-1 知识脉络

二、自学训练

根据任务 3.5 的工作步骤及方法，利用所学知识，自主完成某工程建筑施工图中楼梯平面图的绘制，并在小组内展示、交流，互相检查、评价、取长补短。

项目三学习成果

选择一套实际工程图纸，识读图纸目录、设计说明、建筑施工图，注意识读时图样和设计说明对照识读，剖面图、立面图和平面图对照识读，详图和基本图对照识读，加深对图纸的理解。撰写一份建筑施工图图纸识读报告。

项目三学习成果评价表

项目名称：建筑施工图识读　　　　　　　　　　　　　　考核日期：

成果名称	建筑施工图识读报告	内容要求	各层平面布置，室外台阶、散水、雨篷、阳台等构配件，轴线编号、剖切符号、索引符号，室内外标高，内部尺寸、外部尺寸；建筑的外形，门窗、雨篷、台阶的情况，外墙装饰装修做法、各部位标高等
考核项目	分值	自评	考核要点
工程的整体理解	10		设计说明中工程概况等整体情况的识读
平面图的理解	30		底层平面图详细识读，标准层、顶层与底层的对照识读，屋顶平面图的识读
立面图的理解	20		立面图的识读
剖面图的理解	20		剖面图与平面图的对照识读，切到的、未切到的构配件的识读
详图的理解	20		楼梯详图等详图的识读
小计	100		
考核人员	分值	评分	
（指导）教师评价	100		根据学生完成情况进行考核，建议教师主要通过肯定成绩引导学生，同时对于存在的问题要反馈给学生
小组互评	100		主要从知识掌握、小组活动参与度等方面给予中肯评价
总评	100		总评成绩＝自评成绩×30%＋（指导）教师评价成绩×50%＋小组互评成绩×20%

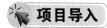

项目四　结构施工图识读

项目导入

一、建筑结构的定义

建筑是供人们生产、生活和进行其他活动的房屋或场所。各类建筑都离不开梁、板、墙、柱、基础等构件，它们相互连接形成建筑的骨架。建筑中由若干构件连接而成的能承受作用的平面或空间体系，称为建筑结构。

建筑结构由水平构件、竖向构件和基础组成。水平构件包括梁、板等，用以承受竖向荷载；竖向构件包括柱、墙等，其作用是支撑水平构件或承受水平荷载；基础的作用是将建筑物承受的荷载传递至地基。

建筑结构有多种分类方法。按照承重结构所用的材料不同，建筑结构可分为混凝土结构、砌体结构、钢结构、木结构和混合结构五种类型。

二、建筑的结构体系

工程中，常见的钢筋混凝土结构体系有钢筋混凝土框架结构、钢筋混凝土框架－剪力墙结构、钢筋混凝土剪力墙结构、钢筋混凝土框支－剪力墙结构、钢筋混凝土筒体框架结构等。

（1）钢筋混凝土框架结构（图 4-0-1）：是指由基础、柱、梁和板形成框架空间承重体系，共同承受建筑使用过程中出现的水平荷载和竖向荷载的建筑结构形式。

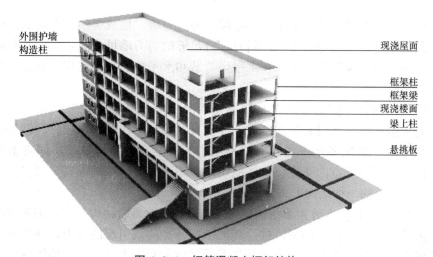

图 4-0-1　钢筋混凝土框架结构

框架结构的房屋墙体不承重，仅起到围护和分隔作用，一般用预制的加气混凝土、膨胀珍珠岩、空心砖或多孔砖、浮石、蛭石、陶粒等轻质板材等材料

笔记

砌筑或装配而成。

框架建筑的主要优点：空间分隔灵活，质轻，节省材料；可以较灵活地配合建筑平面布化、定型化，若采用装配整体式结构可缩短施工工期；采用现浇钢筋混凝土框架时，其结构配置的优点是利于安排大空间需求的建筑结构；框架结构的梁、柱构件整体性和刚度较好，设计处理得好也能达到较好的抗震效果，而且可以将梁或柱浇筑成各种需要的截面形状。

（2）框架–剪力墙结构（图4-0-2）：即在建筑承重结构中设置部分钢筋混凝土墙体，从而起到增加建筑上部结构与基础的接触面积，使其稳定性抗震能力和侧向刚度得到大大提高。

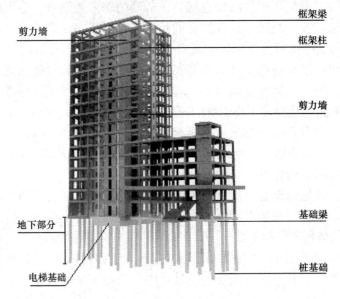

图 4-0-2　框架–剪力墙结构

在框架–剪力墙结构中布置一定数量的剪力墙，构成灵活、自由的使用空间，满足不同建筑功能的要求；同时，有足够的剪力墙可提高建筑的侧向刚度（剪力墙的侧向刚度大就是指在水平风荷载和水平地震力的作用下抵抗变形的能力很强）。

同时，框架–剪力墙结构是用钢筋混凝土墙板来代替框架结构中的梁、柱，能承担各类荷载引起的内应力，并能有效控制结构的水平位移。钢筋混凝土墙板能承受竖向和水平力，它的刚度很大，空间整体性好，房间内不外露梁、柱棱角，便于室内布置，方便使用。框架–剪力墙结构形式是高层住宅采用的最为广泛的一种结构形式。

（3）钢筋混凝土剪力墙结构（图4-0-3）：剪力墙结构是指用钢筋混凝土墙板来代替框架结构中的梁、柱，其能承担各类荷载引起的内力，并能有效控制结构的水平力。钢筋混凝土墙板能承受竖向和水平力荷载，它的刚度很大，空间整体性好，房间内不外露梁、柱棱角，便于室内布置，方便使用。剪力墙结构形式是高层住宅采用的最为广泛的结构形式之一。

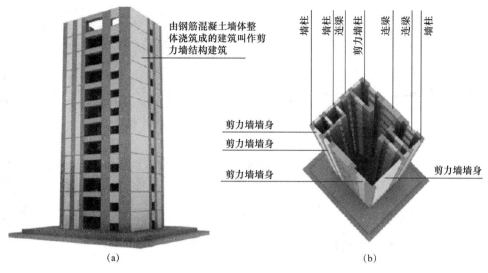

图中标注（从左到右）：墙柱、墙柱、连梁、剪力墙墙柱、连梁、连梁、墙柱

由钢筋混凝土墙体整体浇筑成的建筑叫作剪力墙结构建筑

剪力墙墙身
剪力墙墙身
剪力墙墙身
剪力墙墙身

(a)　　　　　　　　　　　(b)

图 4-0-3　剪力墙结构

1）剪力墙结构的优点：整体性好；侧向刚度大，水平力作用下侧移小；由于没有梁、柱等外露与凸出，故便于房间内部空间布置。

2）剪力墙结构的缺点：不能提供大空间房屋；结构延性较差。

三、钢筋混凝土结构的基本知识

混凝土是由水泥、砂、石子和水按一定比例拌合而成的一种人造石材。其凝固后坚硬如石，抗压能力强，但抗拉能力较弱。用钢筋代替混凝土受拉的配有钢筋的混凝土构件，称为钢筋混凝土构件，如钢筋混凝土梁、板、柱等。

1. 混凝土强度等级

混凝土按其抗压强度不同，可分为 14 个等级：C15、C20、C25、C30、C35、C40、C45、C50、C55、C60、C65、C70、C75、C80，等级越高，混凝土抗压强度也越高。

2. 常用钢筋符号

钢筋按其强度和品种分成不同的等级，并用不同的符号表示。HPB300：符号 ϕ；HRB335：符号 Φ；HRB400：符号 Φ。

做一做

查阅建工大楼工程图纸，确定建工大楼的结构体系。

任务 4.1　基础图识读

任务学习目标

通过本任务的学习，学生达到以下目标：

☐ 认识建筑的结构体系；

□ 认识基础的结构形式；

□ 熟练识读基础配筋。

任务描述

一、任务内容

识读附录建工大楼结构施工图结施，识读钢筋混凝土基础的配筋信息，绘制基础的配筋详图。

二、实施条件

（1）学生建工大楼图纸中的柱施工图结施5。

（2）16G101-3图集。

（3）A4纸若干。

步骤一　识读独立基础

相关知识

柱下独立基础是承受柱荷载，并直接将荷载传递给地基持力层的单个构件。独立基础类型见表4-1-1。

表 4-1-1　独立基础类型

类型	基础底板截面形状	代号	序号
普通独立基础	阶形	DJ_J	××
	坡形	DJ_P	××
杯口独立基础	阶形	BJ_J	××
	坡形	BJ_P	××

一、阶形基础

独立阶形基础如图4-1-1所示。

当阶形截面普通独立基础 DJ_J×× 的竖向尺寸注写为 400/300/300 时，表示 $h_1 = 400$ mm，$h_2 = 300$ mm，$h_3 = 300$ mm，基础底板总厚度为 1 000 mm。

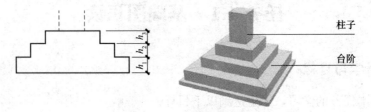

图 4-1-1　独立阶形基础

二、坡形基础

独立坡形基础如图 4-1-2 所示。

当坡形截面普通独立基础 $DJ_P \times \times$ 的竖向尺寸注写为 350/300 时，表示 $h_1 = 350$ mm，$h_2 = 300$ mm，基础底板总厚度为 650 mm。

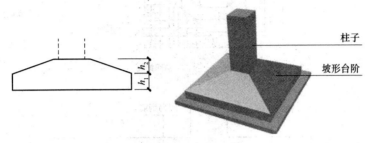

图 4-1-2　独立坡形基础

三、识读独立阶形基础平法施工图

独立阶形基础平面注写方式如图 4-1-3 所示。

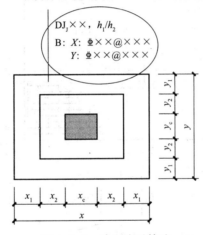

图 4-1-3　独立阶形基础

集中标注：独立基础编号 $DJ_J \times \times$，竖向尺寸 h_1/h_2。

B：基础板底 X 和 Y 向配筋。

原位标注：基础平面 X 和 Y 向尺寸。

四、独立基础配筋图

独立基础板底配筋如图 4-1-4 所示。

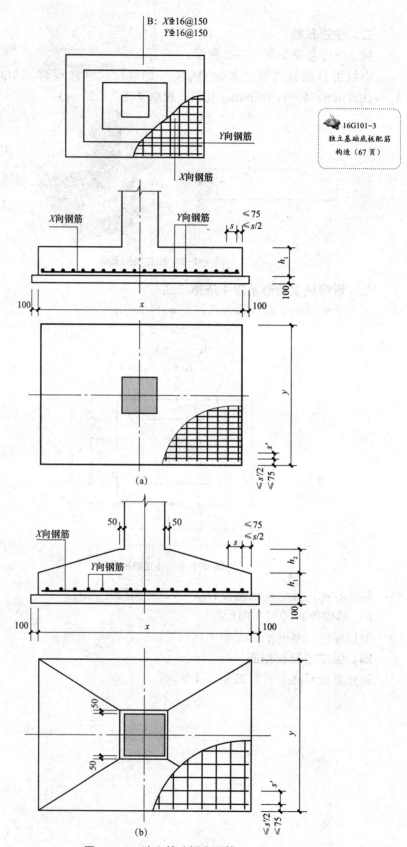

16G101-3
独立基础底板配筋
构造（67页）

图 4-1-4　独立基础板底配筋

148

识读如图 4-1-5 所示的独立基础 DJ01、DJ02、DJ04。

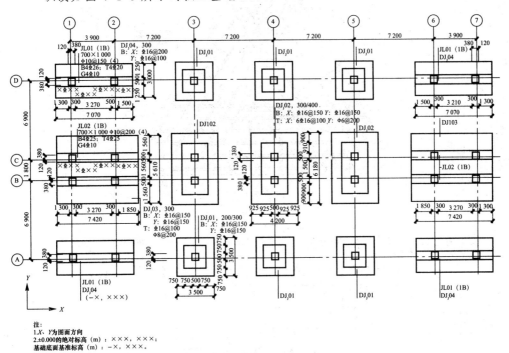

图 4-1-5 独立基础平面图

步骤二 识读桩基础

桩基础由承台和桩身两部分组成。

（1）三桩独立承台（图 4-1-6）。

16G101-3
等边三桩承台 CT$_J$
配筋构造（95页）

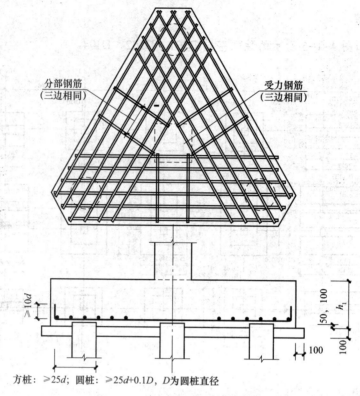

受力钢筋
（三边相同）

分部钢筋
（三边相同）

方桩：≥25d；圆桩：≥25d+0.1D，D为圆桩直径

图 4-1-6　三桩独立承台配筋

（2）七桩独立承台（图 4-1-7）。

16G101-3
六边形承台 CT$_J$ 配
筋构造（97页）

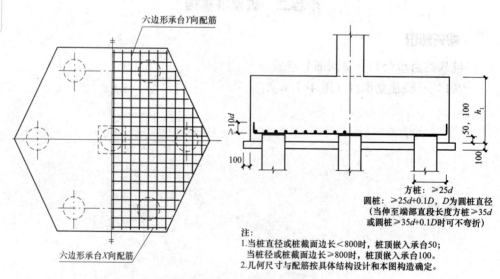

六边形承台 Y 向配筋

六边形承台 X 向配筋

方桩：≥25d
圆桩：≥25d+0.1D，D为圆桩直径
（当伸至端部直段长度方桩≥35d
或圆桩≥35d+0.1D时可不弯折）

注：
1.当桩直径或桩截面边长＜800时，桩顶嵌入承台50；
　当桩径或桩截面边长≥800时，桩顶嵌入承台100。
2.几何尺寸与配筋按具体结构设计和本图构造确定。

图 4-1-7　七桩独立承台配筋

 做一做

查阅建工大楼工程图纸，确定建工大楼的基础结构类型。

一、知识巩固

知识脉络如图 4-1-8 所示。

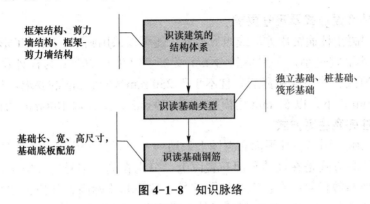

图 4-1-8　知识脉络

二、自学训练

查找建工大楼结构施工图结施 2，识读桩基础承台 CT1、CT2、CT3、CT4 配筋及构造。

绘制要求：绘制 CT4 配筋及构造，标注必要的尺寸。

任务 4.2　柱施工图识读

任务学习目标

通过本任务的学习，学生达到以下目标：

□ 掌握柱平法施工图制图规则和构造；

□ 熟练识读柱纵向钢筋；

□ 熟练识读柱箍筋。

任务描述

一、任务内容

识读建工大楼结构施工图结施，识读钢筋混凝土柱的配筋信息，绘制柱的立面配筋图和截面图。

二、实施条件

（1）学生公寓工程图纸中的柱施工图结施 7。

（2）16G101-1 图集。

（3）A4 纸若干。

步骤一　识读柱截面尺寸和标高

 相关知识

一、柱截面形式及尺寸要求

钢筋混凝土柱通常用方形或矩形截面，还可以采用圆形、I 形、T 形等截面。柱截面尺寸不宜过小，一般应符合 $L/h \leqslant 25$ 及 $L/b \leqslant 30$（L 为柱计算长度，h 和 b 分别为截面的高度和宽度）且不小于 250 mm×250 mm 的要求。柱截面长边在 800 mm 以下，以 50 mm 为模数；在 800 mm 以上，以 100 mm 为模数。

二、柱列表注写方式

柱平法施工图是在柱平面布置图上采用列表注写方式或截面注写方式表达。

列表注写方式是在柱的平面布置图上，分别在同一编号的柱中选择一个截面标注几何参数代号；在柱表中注写柱号、柱段起止标高、几何尺寸与配筋的具体数值，并配以各种柱截面形状及箍筋类型图（图 4-2-1）。

三、柱截面注写方式

截面注写方式是在柱平面布置图的柱截面上，分别在同一编号的柱中选择一个截面，直接注写截面尺寸和配筋具体数值的方式（图 4-2-2）。

案例解析：

（1）识读 16G101-1 第 11 页 KZ1 截面尺寸和标高。

KZ1 截面宽 × 高（$b×h$）读取柱表：

$(-4.530 \sim 19.470)$ $b = b_1 + b_2 = 375 + 375 = 750$（mm）

$h = h_1 + h_2 = 150 + 550 = 700$（mm）

$(19.470 \sim 37.470)$ $b = b_1 + b_2 = 325 + 325 = 650$（mm）

$h = h_1 + h_2 = 150 + 450 = 600$（mm）

$(37.470 \sim 59.070)$ $b = b_1 + b_2 = 275 + 275 = 550$（mm）

$h = h_1 + h_2 = 150 + 350 = 500$（mm）

（2）识读 16G101-1 第 12 页 KZ3 截面尺寸和标高。

KZ3 截面宽 × 高（$b×h$）读取柱截面：

$(19.470 \sim 37.470)$ $b = b_1 + b_2 = 325 + 325 = 650$（mm）

$h = h_1 + h_2 = 150 + 450 = 600$（mm）

16G101-1
柱平法施工图制图规则

2.2.2 注写各段柱起止标高（8 页）

 想一想

1. 各柱段的起止标高以何分界分段注写？

2. 平面整体表示法中，框架柱的根部标高是指基础顶面标高吗？

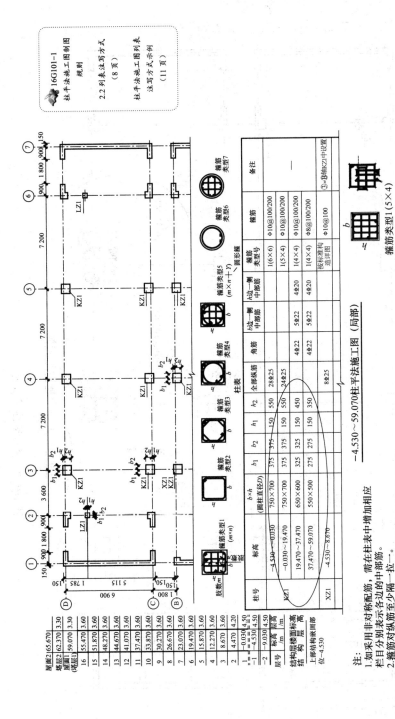

图 4-2-1 柱列表注写示例

16G101-1

柱平法施工图制图规则
2.2 列表注写方式
（8 页）

柱平法施工图列表注写方式示例
（11 页）

-4.530～59.070 柱平法施工图（局部）

柱列表注写示例

箍筋类型1（5×4）

柱表

柱号	标高	b×h（圆柱直径D）	b_1	b_2	h_1	h_2	全部纵筋	角筋	b边一侧中部筋	h边一侧中部筋	箍筋类型号	箍筋	备注
KZ1	-4.530～-0.030	750×700	375	375	150	550	28Φ25				1(6×6)	Φ10@100/200	
	-0.030～19.470	750×700	375	375	150	550	24Φ25	4Φ25	5Φ22	4Φ20	1(5×4)	Φ10@100/200	
	19.470～37.470	650×600	325	325	150	450		4Φ22	5Φ22	4Φ20	1(4×4)	Φ10@100/200	
	37.470～59.070	550×500	275	275	150	350		4Φ22			1(4×4)	Φ8@100/200	
XZ1	-4.530～-8.670						8Φ25				按标准构造详图	Φ10@100	①×B边柱KZ1中设置

注:
1. 如采用非对称配筋,需在柱表中增加相应栏目分别表示各边的中部筋。
2. 箍筋对纵筋至少隔一拉一。
3. 类型1、5的箍筋肢数可有多种组合,右图为5×4的组合,其条类型为固定形式,在表中只注类型号即可。
4. 地下一层(-1层)、首层(1层)柱端箍筋加密区长度范围及纵筋连接位置均按嵌固部位要求设置。
上部结构嵌固部位-4.530

结构层楼面标高 结构层高

屋面2 65.670
塔层2 62.370 3.30
塔层1 59.070 3.30
16 55.470 3.60
15 51.870 3.60
14 48.270 3.60
13 44.670 3.60
12 41.070 3.60
11 37.470 3.60
10 33.870 3.60
9 30.270 3.60
8 26.670 3.60
7 23.070 3.60
6 19.470 3.60
5 15.870 3.60
4 12.270 3.60
3 8.670 3.60
2 4.470 4.20
1 -0.030 4.50
-1 -4.530 4.50
-2 -9.030

层号 标高 层高

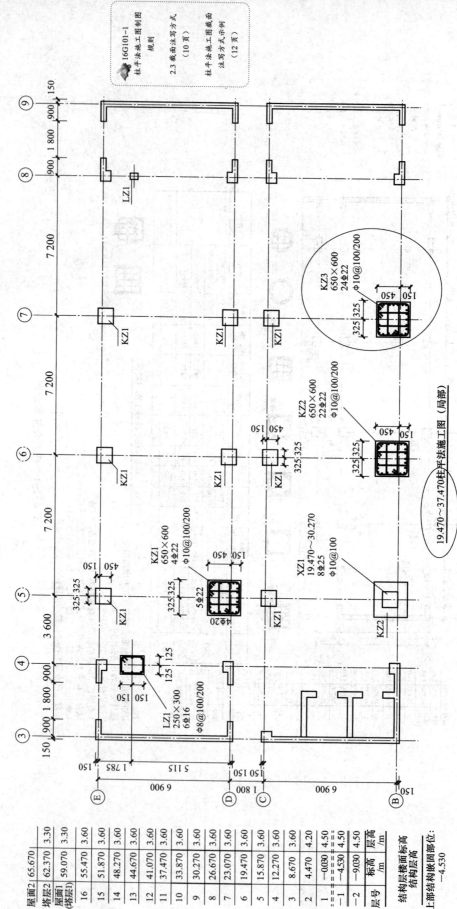

图 4-2-2 柱截面注写示例

做一做

识读建工大楼结构施工图结施7，识读 KZ9 钢筋混凝土柱的截面尺寸和标高。

步骤二　识读柱纵向钢筋

相关知识

一、柱纵向钢筋的作用

协助混凝土承受压力，减小构件截面尺寸；承受可能的弯矩，以及混凝土收缩和温度变形引起的拉应力；防止构件突然的脆性破坏。纵向受力钢筋沿截面四周均匀布置。纵向受力钢筋应采用 HRB335、HRB400 等，钢筋直径通常采用 12 mm、14 mm、16 mm、18 mm、20 mm、22 mm、25 mm。方柱和矩形柱纵向钢筋不少于 4 根，圆柱纵向钢筋不应少于 6 根。纵向受力钢筋净距不应小于 50 mm，且不宜大于 300 mm。

二、柱纵向钢筋连接

柱纵向钢筋连接有绑扎搭接、机械连接和焊接连接三种方式。柱相邻纵向钢筋连接接头相互错开。箍筋加密区是纵向钢筋非连接区（图 4-2-3）。

三、柱顶纵向钢筋构造

（1）中柱柱顶纵向钢筋构造，如图 4-2-4 所示。

（2）边柱和角柱柱顶纵向钢筋构造，如图 4-2-5 所示。

四、柱纵向钢筋在基础中构造

柱纵向钢筋在基础中构造如图 4-2-6 所示。

案例解析：查看建工大楼结构施工图结施 7、8、9、10，识读 KZ9 框架柱纵向受力钢筋，绘制 KZ9 纵向钢筋的纵剖图和截面图（图 4-2-7）。

绘制要求：

（1）绘制框架柱底层、标准层和顶层纵筋纵剖图。

（2）标注定位尺寸、标高和必要的纵筋构造尺寸。

（3）绘制框架柱纵筋底层、标准层和顶层必要的截面图，标注截面尺寸和配筋信息。

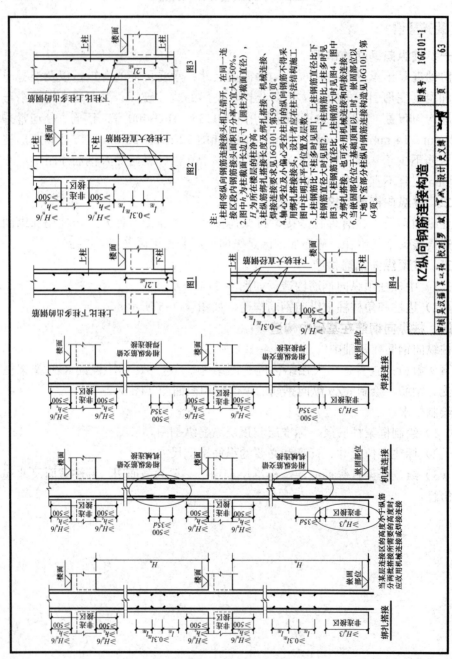

KZ纵向钢筋连接构造

注:
1. 柱相邻纵向钢筋连接接头宜相互错开。在同一连接区段内纵向钢筋接头面积百分率不宜大于50%。
2. 图中 h_c 为所在楼层的柱截面长边尺寸（圆柱为截面直径），H_n 为所在楼层的柱净高。
3. 柱纵筋绑扎搭接及焊接、机械连接构造详见16G101-1第59～61页。
4. 轴心受拉及小偏心受拉柱内的纵向钢筋不得采用绑扎搭接接头，设计者应在柱平法结构施工图中注明其平台位置及层数。
5. 上柱钢筋比下柱钢筋多时见图1，上柱钢筋直径比下柱钢筋直径大时见图2，下柱钢筋比上柱钢筋多时见图3，下柱钢筋直径比上柱钢筋直径大时见图4。图中连接采用机械连接和焊接连接。
6. 当嵌固部位不在基础顶面时，嵌固部位以上柱纵向钢筋连接构造见16G101-1第64页。

审核	吴汉福	吴汉福	校对	罗斌	罗斌	设计	史文博	史文博
图集号	16G101-1
页	63

图 4-2-3　柱纵向钢筋连接构造

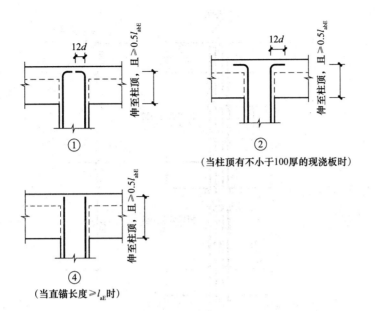

（当柱顶有不小于100厚的现浇板时）

（当直锚长度≥l_{aE}时）

图 4-2-4　中柱柱顶纵向钢筋构造

16G101-1
中柱柱顶纵向钢筋
构造（68页）

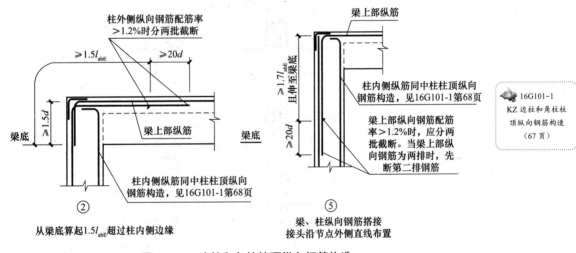

②
从梁底算起1.5l_{abE}超过柱内侧边缘

⑤
梁、柱纵向钢筋搭接
接头沿节点外侧直线布置

16G101-1
KZ 边柱和角柱柱
顶纵向钢筋构造
（67页）

图 4-2-5　边柱和角柱柱顶纵向钢筋构造

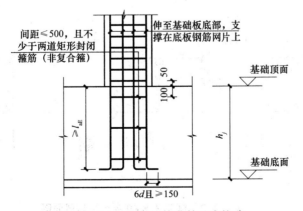

16G101-3
柱纵向钢筋在基础
中构造（66页）

图 4-2-6　柱纵向钢筋在基础中构造

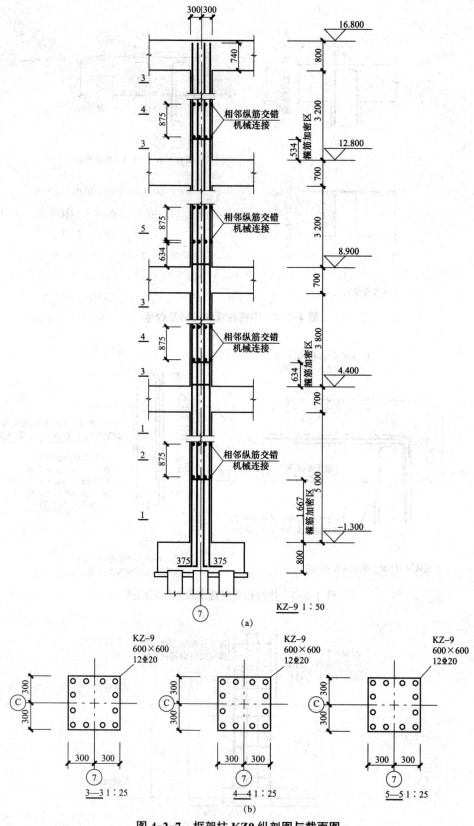

图 4-2-7　框架柱 KZ9 纵剖图与截面图

（a）KZ9 纵筋纵剖图；（b）KZ9 纵筋截面图

柱相邻纵筋交错机械连接，相邻连接接头间距为多少？连接区能否设置在柱箍筋加密区内？

做一做

识读建工大楼结构施工图结施 7、8、9、10，识读 KZ20 钢筋混凝土框架柱纵向钢筋，绘制 KZ20 纵向钢筋的纵剖图和截面图。

绘制要求：

1．绘制框架柱底层、标准层和顶层纵筋纵剖图。

2．标注必要的纵筋构造尺寸。

3．绘制框架柱底层、标准层和顶层纵筋必要的截面图，标注截面尺寸和配筋信息。

步骤三　识读柱箍筋

相关知识

一、柱箍筋的作用

架立纵向钢筋，一是防止纵向钢筋压屈，从而提高柱的承载能力；二是承担剪力和扭矩；三是与纵筋一起形成对芯部混凝土的围箍约束。

二、柱箍筋加密区范围

1．嵌固部位注写

框架柱嵌固部位在基础顶面时，无须注明；不在基础顶面时，在层高表嵌固部位标高下使用双细线注明。框架柱嵌固部位不在地下室顶板，但仍需要考虑地下室顶板对上部结构实际存在嵌固作用时，可在地下室顶板标高下使用双虚线注明（图 4-2-8）。

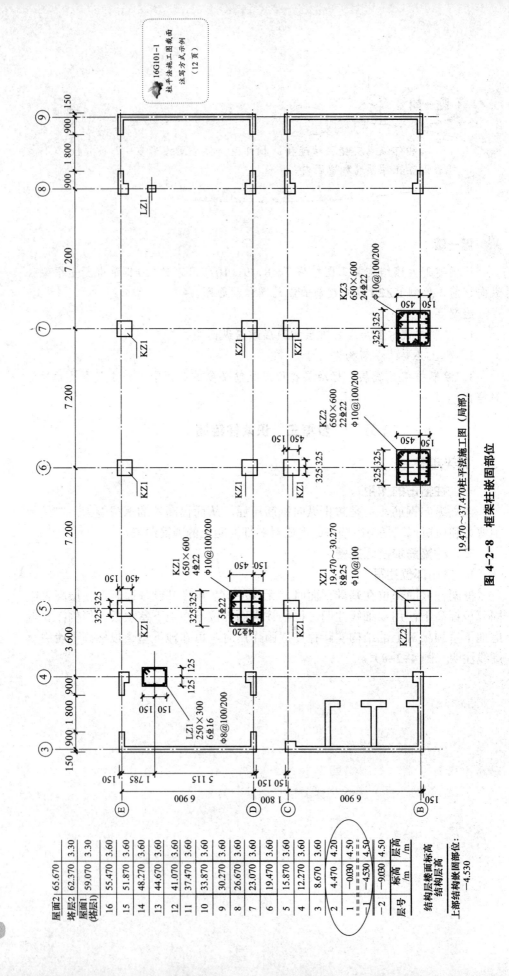

图 4-2-8 框架柱嵌固部位

柱平法施工图截面注写方式示例
（12 页）
16G101-1

19.470～37.470柱平法施工图（局部）

| KZ3 650×600 24Φ22 Φ10@100/200 |
| KZ2 650×600 22Φ22 Φ10@100/200 |
| KZ1 650×600 4Φ22 5Φ22 4Φ20 Φ10@100/200 |
| XZ1 19.470～30.270 8Φ25 Φ10@100 |
| LZ1 250×300 6Φ16 Φ8@100/200 |

层号	标高/m	层高/m
屋面2	65.670	
塔层2	62.370	3.30
屋面1（塔层1）	59.070	3.30
16	55.470	3.60
15	51.870	3.60
14	48.270	3.60
13	44.670	3.60
12	41.070	3.60
11	37.470	3.60
10	33.870	3.60
9	30.270	3.60
8	26.670	3.60
7	23.070	3.60
6	19.470	3.60
5	15.870	3.60
4	12.270	3.60
3	8.670	3.60
2	4.470	4.20
1	−0.030	4.50
−1	−4.530	4.50
−2	−9.030	4.50
层号	标高/m	层高/m
结构层楼面标高 结构层高		

上部结构嵌固部位：
−4.530

2．柱箍筋加密区长度计算

（1）嵌固部位以上底层柱根加密区 $\geqslant H_n/3$，其余各层柱顶、柱根加密区 $\geqslant$ 柱长边尺寸、$H_n/6$、500 中的最大值。

（2）梁柱节点处，柱箍筋加密。

箍筋加密区范围如图 4-2-9 所示。

16G101-1
柱平法施工图制图规则

KZ、QZ、LZ 箍筋加密区范围（65 页）

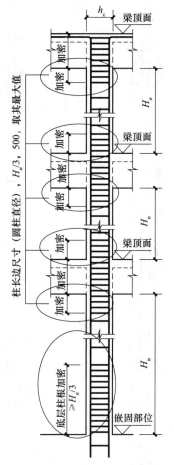

KZ、QZ、LZ箍筋加密区范围
（QZ嵌固部位为墙顶面，LZ嵌固部位为梁顶面）

图 4-2-9　箍筋加密区范围

案例解析：查看建工大楼结构施工图结施 7、8、9、10，识读 KZ9 框架柱箍筋，绘制 KZ9 箍筋的纵剖图和截面图（图 4-2-10）。

绘制要求：

（1）绘制框架柱底层、标准层和顶层箍筋纵剖图，标注必要的箍筋加密区长度。

（2）绘制框架柱纵筋底层、标准层和顶层必要的截面图，标注箍筋配筋信息。

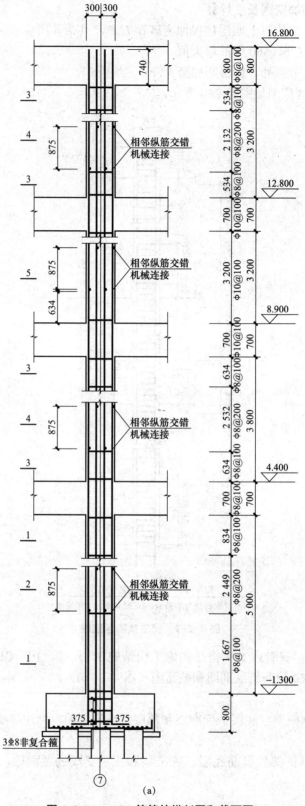

图 4-2-10 KZ9 箍筋的纵剖图和截面图

（a）KZ9 箍筋纵剖图

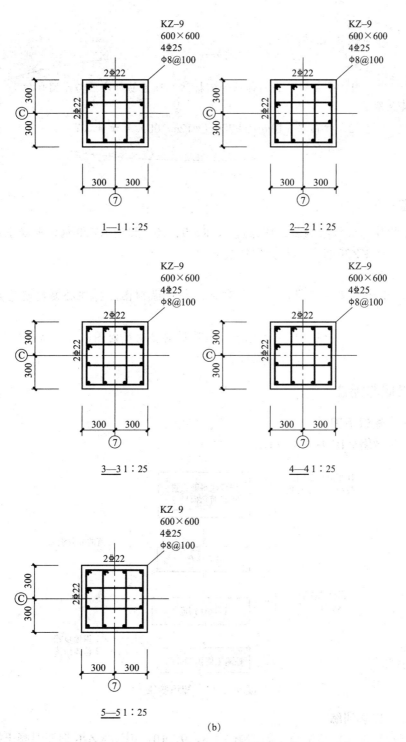

图 4-2-10 KZ9 箍筋的纵剖图和截面图（续）

（b）KZ9 箍筋截面图

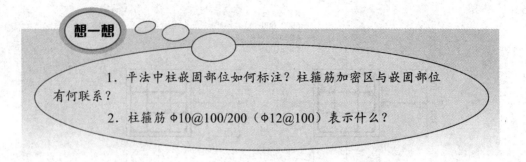

想一想

1. 平法中柱嵌固部位如何标注？柱箍筋加密区与嵌固部位有何联系？

2. 柱箍筋 Φ10@100/200（Φ12@100）表示什么？

 **做一做**

查找建工大楼结构施工图结施 7、8、9、10，识读 KZ20 钢筋混凝土框架柱箍筋，绘制 KZ20 箍筋的纵剖图和截面图。

绘制要求：

1. 绘制框架柱底层、标准层和顶层箍筋纵剖图，标注必要的箍筋加密区长度。

2. 绘制框架柱纵筋底层、标准层和顶层必要的截面图，标注箍筋配筋信息。

巩固与训练

 笔记

一、知识巩固

知识脉络如图 4-2-11 所示。

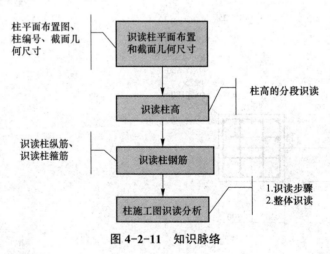

图 4-2-11　知识脉络

二、自学训练

查找建工大楼结构施工图结施 7、8、9、10，识读 KZ20 钢筋混凝土框架柱变截面处纵向钢筋构造。

绘制要求：绘制框架柱变截面处纵向钢筋构造，标注必要的尺寸。

任务 4.3 梁施工图识读

通过本任务的学习，学生达到以下目标：

☐ 了解钢筋混凝土梁的力学知识；

☐ 熟练识读楼层框架梁、非框架梁、井字梁和悬臂梁等。

子任务 4.3.1 楼层框架梁施工图识读

通过本任务的学习，学生达到以下目标：

☐ 掌握梁平法施工图制图规则和构造；

☐ 熟练识读楼层框架梁纵向钢筋；

☐ 熟练识读楼层框架梁箍筋；

☐ 熟练识读楼层框架梁侧面纵向钢筋。

一、任务内容

识读建工大楼结构施工图结施，识读钢筋混凝土梁的配筋信息，绘制框架梁配筋的纵剖图和截面图。

二、实施条件

（1）建工教学楼梁施工图纸结施 13。

（2）16G101-1 图集。

（3）A4 纸若干。

步骤一 识读梁截面和梁顶标高

📖 **相关知识**

一、梁截面形式及尺寸

梁截面形式主要有矩形、T 形等。梁截面高度 h 可根据跨度 L 估算，对于连续梁，可取 $h = (1/14{-}1/8)L$；对于悬臂梁，可取 $h = (1/6{-}1/5)L$。梁截

面宽度 b 可根据梁截面高度 h 估算，通常矩形截面梁 $b = (1/3.5\text{-}1/2)h$；T 形截面梁 $b = (1/4\text{-}1/2.5)h$。

平法集中标注梁截面＝宽 × 高（$b \times h$）

梁平法标注－梁截面如图 4-3-1 所示。

二、梁顶标高

结构层楼面标高即梁顶标高。若某梁的顶面与所在结构层楼面有高差，则需要将高差写入集中标注括号内，某梁的顶面高于所在结构层的楼面标高时为正；反之为负。

梁平法标注－梁顶标高如图 4-3-1 所示。

16G101-1
梁平法施工图制图规则

6. 梁顶面标高高差（29 页）

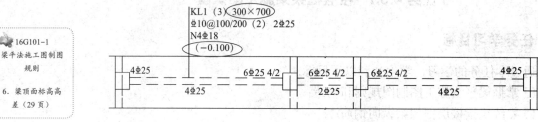

图 4-3-1 梁平法标注－梁截面、梁顶标高

步骤二 识读梁纵向钢筋

 相关知识

一、梁承受的内力－弯矩

梁和板是建筑工程中典型的受弯构件。连续梁的弯矩存在反弯点，连续梁的跨中下部受拉，承受正弯矩作用；支座处上部受拉，承受负弯矩作用。

二、梁纵向受力钢筋配置

连续梁沿梁长方向配置纵向受力钢筋，跨中配置下部纵向受力钢筋，承受正弯矩作用；支座处配置上部纵向受力钢筋，承受负弯矩作用。楼层框架梁纵向受力钢筋如图 4-3-2 所示。

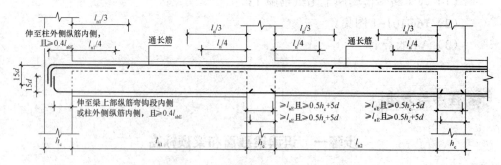

图 4-3-2 楼层框架梁纵向受力钢筋

三、梁纵筋在平法施工图的表示方法

平面注写包括集中标注与原位标注（图 4-3-3）。集中标注表达梁的通用数值，原位标注表达梁的特殊数值。当集中标注中的某项数值不适用于梁的某

部位时，则将该项数值原位标注，施工时，原位标注取值优先。

16G101-1
梁平法施工图制图规则（26～29页）
4.2.1
4.2.2
4.2.3
4.2.4

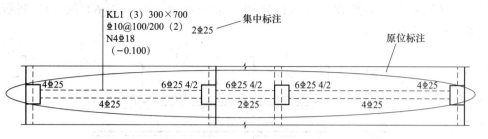

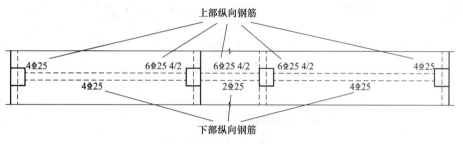

图 4-3-3 集中标注和原位标注

四、梁纵筋的截断与锚固措施

1. 梁上部纵向钢筋截断

16G101-1
梁平法施工图制图规则

楼层框架梁纵向钢筋构造（84页）

梁上部通长筋（图 4-3-4）不截断。梁上部纵向钢筋抵抗梁支座处负弯矩，而梁跨中通常受正弯矩，梁上部非贯通钢筋（图 4-3-5）在跨中要截断，第一排从支座边深入跨内 $l_n/3$ 处截断，第二排从支座边深入跨内 $l_n/4$ 处截断。

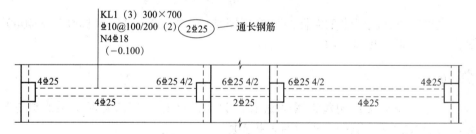

图 4-3-4 梁上部通长筋

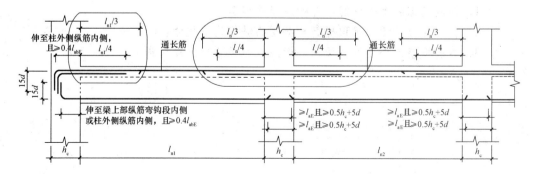

图 4-3-5 梁上部非贯通筋

2．梁纵向钢筋锚固

梁纵向受力钢筋在支座内的锚固通常为直锚（图4-3-6）或90°弯折锚（图4-3-7）。

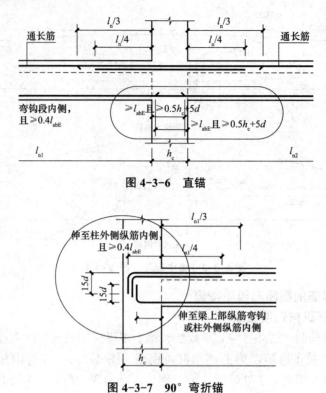

图4-3-6 直锚

图4-3-7 90°弯折锚

案例解析：识读建工大楼结构施工图结施13，⑩轴 KL7（标高为4.400）纵向受力钢筋（图4-3-8）。

做一做

识读建工大楼结构施工图结施13，识读⑨轴 KL8 钢筋混凝土梁的配筋信息，绘制 KL8 纵向钢筋的纵剖图和截面图。

绘制要求：

1. 绘制基础梁上下纵筋，并标注配筋信息。

2. 标注定位尺寸、梁顶标高和必要的纵筋构造尺寸。

3. 绘制框架梁必要的截面图，标注截面尺寸和配筋信息。

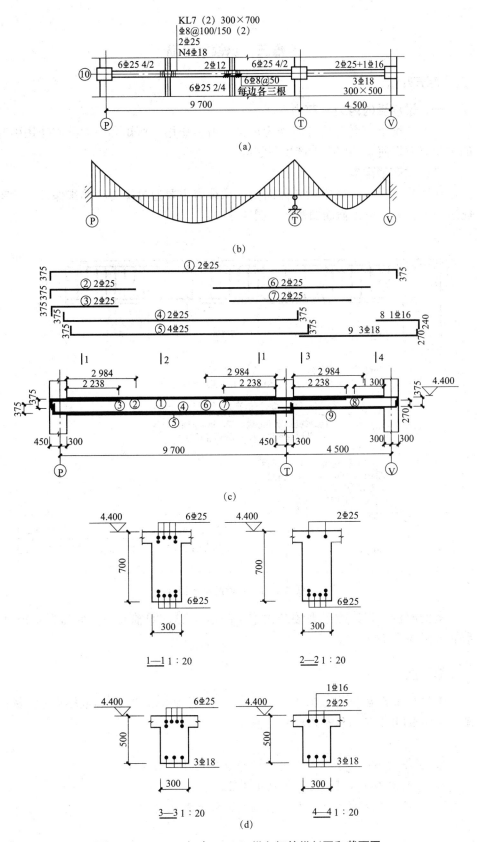

图 4-3-8 KL7（标高 4.400）纵向钢筋纵剖图和截面图

（a）KL7 平法表示；（b）KL7 弯矩图；（c）KL7 纵筋纵剖图；（d）KL7 截面图

步骤三　识读梁箍筋

相关知识

一、梁承受的内力－剪力

一般情况下，受弯构件既受弯矩又受剪力作用，弯矩和剪力共同作用引起的主拉应力将使梁端部附近产生斜裂缝。

二、梁箍筋配置

在实际工程中，通常梁斜截面受剪承载力主要通过配置箍筋来保证。梁支座边剪力较大，设置箍筋加密区（图4-3-9）。

16G101-1
梁平法施工图制图
规则

梁箍筋构造（88页）

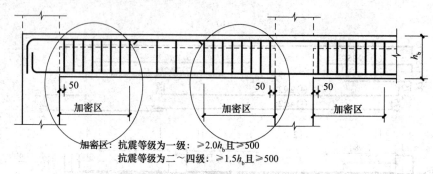

加密区：抗震等级为一级：≥$2.0h_b$且≥500
　　　　抗震等级为二～四级：≥$1.5h_b$且≥500

框架梁（KL、WKL）箍筋加密区范围（一）

（弧形梁沿梁中心线展开，箍筋间距
沿凸面线量度。h_b为梁截面高度）

16G101-1
梁平法施工图制图
规则（28页）

3．梁箍筋

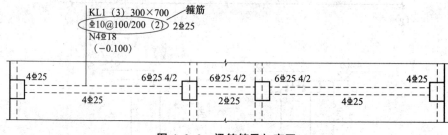

图4-3-9　梁箍筋及加密区

案例解析：识读建工大楼结构施工图结施13、⑩轴KL7（标高为4.400）箍筋（图4-3-10）。

做一做

识读建工大楼结构施工图结施13，识读⑨轴KL8钢筋混凝土梁的配筋信息，绘制KL8箍筋的纵剖图和截面图。

绘制要求：

1．在纵剖图中绘制箍筋，并标注箍筋信息及范围尺寸。

2．绘制比例1：1，出图比例1：25。

3．绘制必要的截面图，标注截面尺寸和配筋信息。

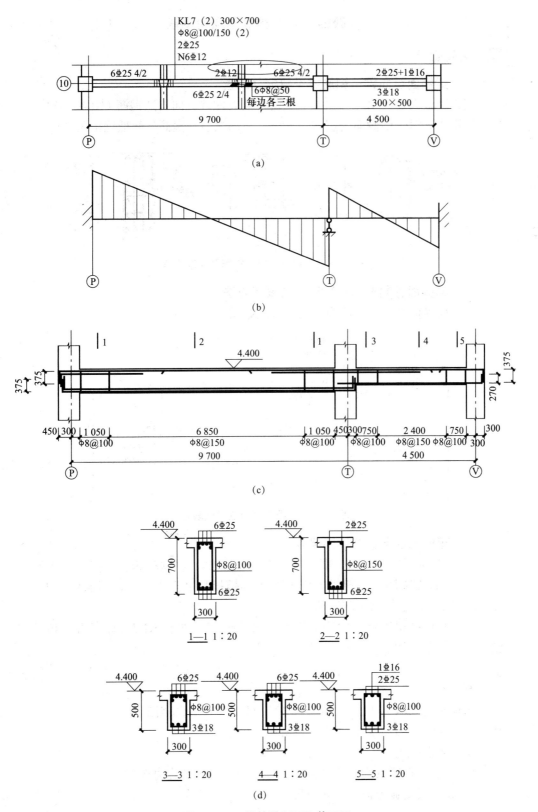

图 4-3-10 箍筋纵剖图和截面图

（a）KL7 平法表示；（b）KL7 剪力图；（c）KL7 箍筋纵剖图；（d）KL7 箍筋截面图

步骤四　识读梁侧面纵向钢筋

16G101-1
梁平法施工图制图规则

5. 梁侧面纵向构造钢筋或受扭钢筋（28 页）

梁侧面纵向构造钢筋和拉筋（90 页）

相关知识

一、梁侧面纵向构造钢筋或受扭钢筋配置

当梁腹板高度 h_w 不小于 450 mm 时，需要配置纵向构造钢筋（图 4-3-11）；当有扭矩作用时，梁侧面受扭钢筋与上、下部纵筋、箍筋一起抵抗扭矩。

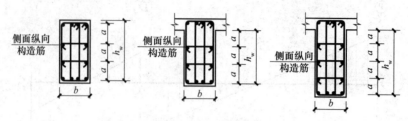

图 4-3-11　梁侧面纵向钢筋及拉筋构造

二、梁侧面纵向钢筋在平法中的表示方法

梁侧面纵向钢筋在平法中的表示方法如图 4-3-12 所示。

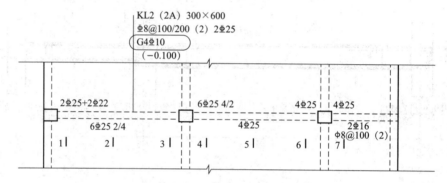

图 4-3-12　梁侧面纵筋平法表示

三、梁侧面纵向钢筋锚固措施

（1）当为梁侧面构造钢筋时，其搭接与锚固长度可取 15d。

（2）当为梁侧面受扭纵向钢筋时，其搭接长度 l_l 或 l_{lE}，锚固长度为 l_a 或 l_{aE}。锚固方式同框架梁下部纵筋。

案例解析：识读建工大楼结构施工图结施 13、⑩轴 KL7（标高为 4.400）侧面纵向钢筋（图 4-3-13）。

做一做

识读建工大楼结构施工图结施 13，识读⑨轴 KL8 钢筋混凝土梁的配筋信息，绘制 KL8 侧面纵向钢筋的纵剖图和截面图。

绘制要求：

1. 绘制梁侧面纵向钢筋纵剖图，标注必要的侧向筋构造尺寸；

2. 绘制梁侧面纵向钢筋截面图，标注必要的侧向筋。

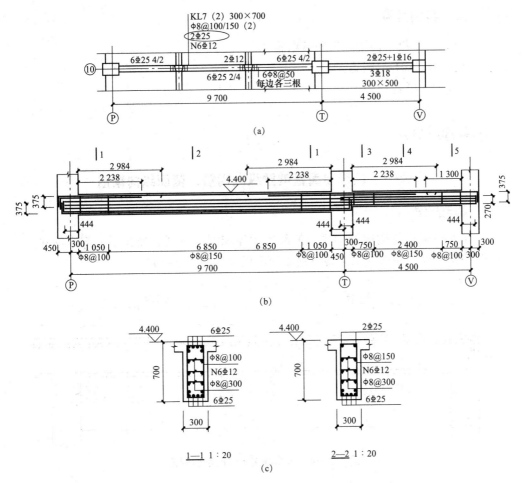

图 4-3-13　KL7 梁侧面纵向钢筋纵剖图和截面图

（a）KL7 平法表示；（b）KL7 侧面纵向钢筋纵剖图；（c）KL7 侧面纵向钢筋截面图

子任务 4.3.2　屋面框架梁施工图识读

任务学习目标

通过本任务的学习，学生实现以下目标：

□ 熟练识读屋面框架梁纵向钢筋、侧面纵向钢筋；

□ 掌握屋面框架梁箍筋。

任务描述

一、任务内容

识读建工大楼结构施工图结施，识读钢筋混凝土屋面梁的配筋信息，绘制屋面梁配筋的纵剖图和截面图。

二、实施条件

（1）建工教学楼梁施工图纸结施 22。

（2）16G101-1 图集。

（3）A4 纸若干。

程序与方法

步骤一　识读屋面框架梁纵向钢筋、侧面纵向钢筋

相关知识

16G101-1
屋面框架梁 WKL
纵向钢筋构造
（85 页）

屋面框架梁与楼层框架梁纵筋配置大体相同，不同之处在于上部纵筋在支座处锚固长度，屋面框架梁转折钢筋伸至梁底（图 4-3-14）。

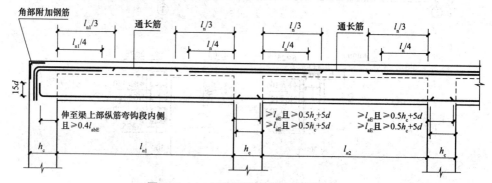

图 4-3-14　屋面框架梁纵向钢筋构造

步骤二　识读屋面框架梁箍筋

相关知识

16G101-1
梁箍筋构造（88 页）

框架梁支座为框架柱，梁两端设置箍筋加密区；梁支座为主梁，主梁支撑一侧梁端不设置箍筋加密区（图 4-3-15）。

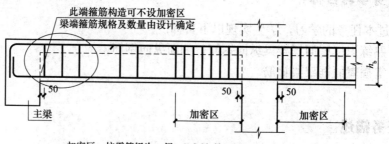

加密区：抗震等级为一级：$\geqslant 2.0h_b$ 且 $\geqslant 500$

抗震等级为二～四级：$\geqslant 1.5h_b$ 且 $\geqslant 500$

框架梁（KL、WKL）箍筋加密区范围（二）

（弧形梁沿梁中心线展开，箍筋间距
沿凸面线量度。h_b 为梁截面高度）

图 4-3-15　半框架梁箍筋设置

做一做

查找建工大楼结构施工图结施 22，识读⑧轴 WKL7 钢筋混凝土屋面梁的配筋信息，绘制 WKL7 配筋的纵剖图和截面图。

绘制要求：

1. 在纵剖图中绘制梁纵筋、箍筋侧面纵筋。
2. 标注必要的钢筋构造尺寸。
3. 在纵剖图中绘制箍筋，并标注箍筋信息及范围尺寸。
4. 绘制必要的截面图。
5. 绘制比例 1 ∶ 1，纵剖图出图比例 1 ∶ 50，截面图出图比例 1 ∶ 25。

巩固与训练

一、知识巩固

知识脉络如图 4-3-16 所示。

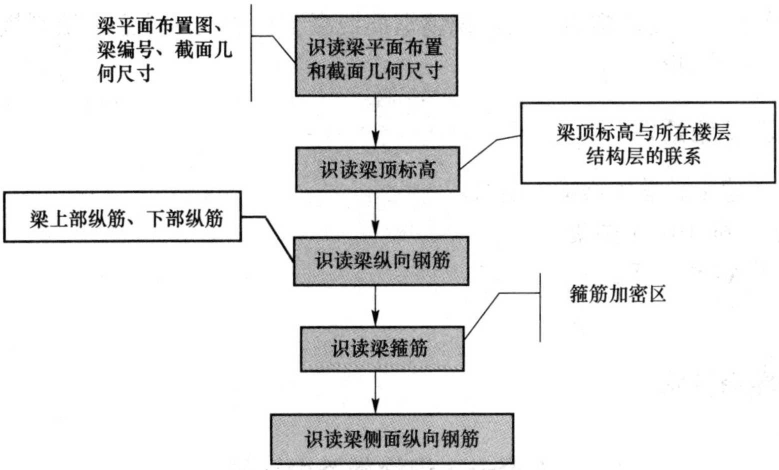

图 4-3-16　知识脉络

二、自学训练

查找建工大楼结构施工图结施 16，识读⑨轴 KL7 钢筋混凝土楼层框架梁的配筋信息，绘制 KL7 配筋的纵剖图和截面图。

绘制要求：

1. 在纵剖图中绘制梁纵筋、箍筋、侧面纵筋。
2. 标注必要的钢筋构造尺寸。
3. 在纵剖图中绘制箍筋，并标注箍筋信息及范围尺寸。
4. 绘制必要的截面图。
5. 绘制比例 1 ∶ 1，纵剖图出图比例 1 ∶ 50，截面图出图比例 1 ∶ 25。

16G101-1 梁的悬挑端配筋构造（92 页）

任务 4.4　板施工图识读

通过本任务的学习，学生达到以下目标：

□ 掌握板平法施工图制图规则和构造；

□ 熟练识读板跨中正筋；

□ 熟练识读板支座负筋。

任务描述

一、任务内容

识读建工大楼结构施工图，识读钢筋混凝土板的配筋信息，绘制楼板配筋的平面图和纵剖图。

二、实施条件

（1）建工教学楼梁施工图纸。

（2）16G101-1 图集。

（3）A4 纸若干。

程序与方法

步骤一　识读板跨中正筋

相关知识

一、板厚度 h

钢筋混凝土单向板厚度取 $h \geqslant l_0/30$，双向板厚度取 $h \geqslant l_0/40$。双向板厚度不小于 80 mm，常用的厚度为 80 mm、90 mm、100 mm、110 mm、120 mm。

二、板平面注写

板平面注写主要包括板块集中标注和板支座原位标注。以 B 代表下部纵筋，抵抗板跨中正弯矩。X 向和 Y 向纵筋短向配置在外侧（图 4-4-1）。

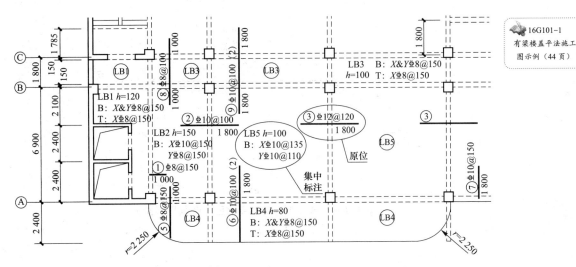

16G101-1
有梁楼盖平法施工
图示例（44 页）

图 4-4-1　板平法施工图

三、板下部纵筋锚固

板筋在端部支座的锚固如图 4-4-2
所示。

案例解析：识读 16G101-1 第 44 页
钢筋混凝土楼板跨中正筋（图 4-4-3）。

LB5：板厚 $h = 150$ mm；板下部纵
筋 X 向 ⊈10@135，Y 向 ⊈10@110。

LB3：板厚 $h = 100$ mm；板下部纵
筋 X、Y 向均为 ⊈8@150。

16G101-1
板在端部支座的锚
固构造（99 页）

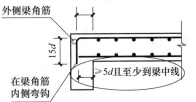

设计按铰接时：$\geqslant 0.35 l_{ab}$
充分利用钢筋的抗拉强度时：$\geqslant 0.6 l_{ab}$

图 4-4-2　板筋在端部支座的锚固

16G101-1
有梁楼盖平法施工
图制图规则（39 页）

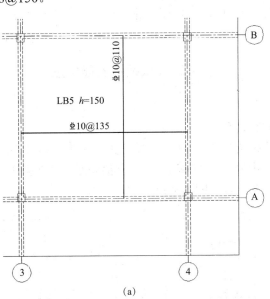

（a）

图 4-4-3　楼板下部纵筋平面图、截面图

（a）LB5 下部纵筋平面图

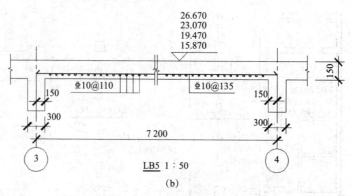

图 4-4-3 楼板下部纵筋平面图、截面图（续）

（b）LB5 下部纵筋截面图

想一想

在平法中，钢筋混凝土楼板的 X 向和 Y 向如何规定？

做一做

查找建工大楼结构施工图结施 12，识读⑨～⑪轴、Ⓐ～Ⓒ轴之间板块的下部纵筋，并绘制板块的平面图和截面图。

绘制要求：

1. 在平面图中绘制板下部纵筋，标注钢筋型号。

2. 在截面图中绘制板下部纵筋，并标注板厚、标高及配筋信息。

3. 绘制比例 1：1，平面图出图比例 1：100，截面图出图比例 1：50。

步骤二　识读板支座负筋

相关知识

一、板支座非贯通筋

上部纵筋抵抗板支座处负弯矩，板平法表示中，以 T 代表上部贯通纵筋。板支座原位标注的内容：板支座上部非贯通纵筋，自支座中线向跨内的伸出长度注写在线段的下方位置（图 4-4-4）。

16G101-1
有梁楼盖平法施工
图制图规则（41 页）

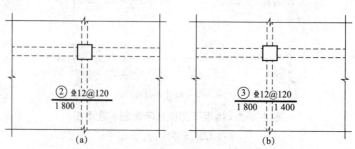

图 4-4-4　板支座非贯通筋截断

（a）对称；（b）不对称

二、板上部纵筋锚固

板上部纵筋锚固如图 4-4-5 所示。

案例解析：识读 16G101-1 第 44 页钢筋混凝土楼板支座负筋（图 4-4-6）。

LB5：③轴梁上板上部纵筋 $\Phi10@100$，④轴梁上板上部纵筋 $\Phi12@120$，Ⓐ轴梁上板上部纵筋 $\Phi10@100$，Ⓑ轴梁上板上部纵筋 $\Phi10@100$。

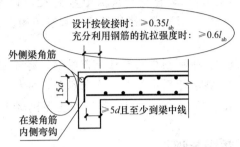

图 4-4-5 板筋在端部支座的锚固

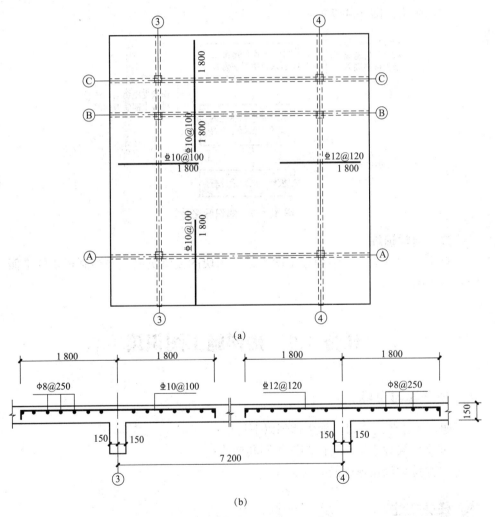

(a)

(b)

图 4-4-6 楼板上部纵筋平面图和截面图

（a）LB5 上部纵筋平面图；（b）LB5 上部纵筋截面图

做一做

查找建工大楼结构施工图结施12，识读⑨～⑪轴、Ⓐ～Ⓒ轴之间板块的支座负筋，并绘制板块的平面图和截面图。

绘制要求：

1. 在平面图中绘制板上部纵筋，标注钢筋型号。
2. 在截面图中绘制板上部纵筋，并标注板厚、标高及配筋信息。
3. 绘制比例1：1，平面图出图比例1：100，截面图出图比例1：50。

巩固与训练

一、知识巩固

知识脉络如图4-4-7所示。

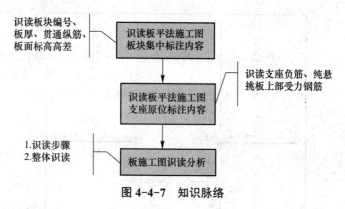

识读板块编号、板厚、贯通纵筋、板面标高高差 → 识读板平法施工图板块集中标注内容

识读板平法施工图支座原位标注内容 ← 识读支座负筋、纯悬挑板上部受力钢筋

1. 识读步骤
2. 整体识读 → 板施工图识读分析

图4-4-7　知识脉络

二、自学训练

自主识读建工大楼结构施工图中某一板块的支座负筋，并绘制板块的平面图和截面图。

任务4.5　楼梯施工图识读

任务学习目标

通过本任务的学习，学生达到以下目标：
□ 掌握楼梯平法施工图制图规则和构造；
□ 熟练识读楼梯配筋。

任务描述

一、任务内容

识读建工大楼结构施工图，识读楼梯的配筋信息，绘制楼板配筋的纵剖图。

二、实施条件

（1）建工教学楼梁施工图纸。

（2）16G101-2 图集。

（3）A4 纸若干。

程序与方法

步骤一 识读 AT 型楼梯尺寸

 相关知识

一、楼梯类型

（1）根据结构受力特点不同，现浇楼梯可分为板式楼梯和梁式楼梯等。

（2）板式楼梯可分为 AT 型、BT 型、CT 型、DT 型等（图 4-5-1）。

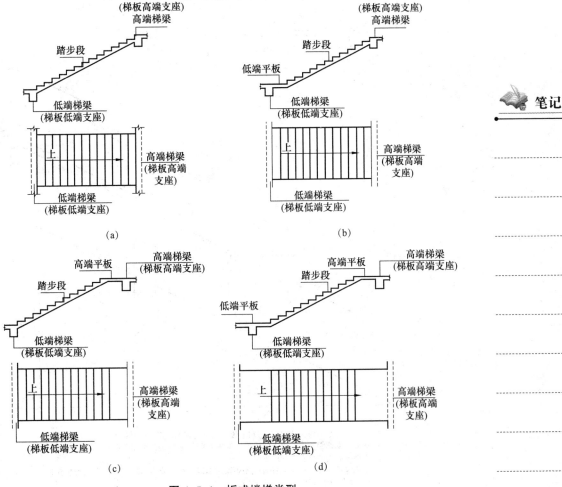

图 4-5-1 板式楼梯类型

（a）AT 型；（b）BT 型；（c）CT 型；（d）DT 型

笔记

二、楼梯尺寸

（1）楼梯长和宽：原位标注楼层平台宽、踏步宽、踏步数、踏步段水平长、层间平台宽、梯板宽等。

（2）楼梯高：集中标注踏步段总高度和踏步级数。

（3）楼梯板厚：集中标注楼板厚度 h。

AT 型楼梯尺寸如图 4-5-2 所示。

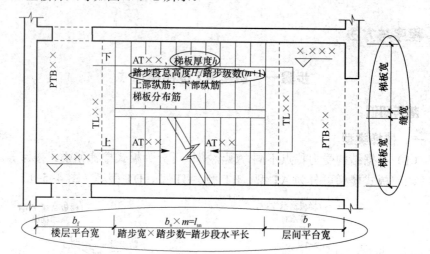

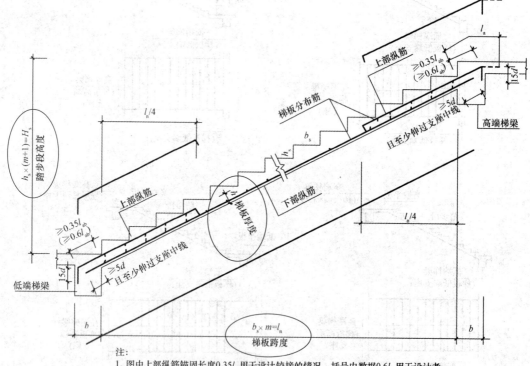

注：
1. 图中上部纵筋锚固长度 $0.35l_{ab}$ 用于设计铰接的情况，括号内数据 $0.6l_{ab}$ 用于设计考虑充分发挥钢筋抗拉强度的情况，具体工程中设计应指明采用何种情况。
2. 上部纵筋需伸至支座对边再向下弯折。
3. 上部纵筋有条件时可直接伸入平台板内锚固，从支座内边算起总锚固长度不小于 l_a，如图中虚线所示。
4. 踏步两头高度调整见16G101-2第50页。

图 4-5-2　AT 型楼梯尺寸

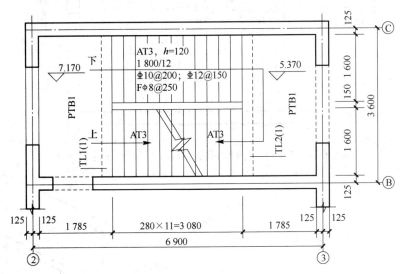

做一做

识读 16G101-2 第 23 页 AT 型楼梯尺寸（图 4-5-3）。

图 4-5-3　设计示例：楼梯 AT3 平面图

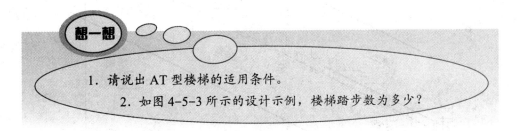

想一想

1. 请说出 AT 型楼梯的适用条件。

2. 如图 4-5-3 所示的设计示例，楼梯踏步数为多少？

步骤二　识读楼梯板底下部纵筋

楼梯板底下部纵筋锚入高端梯梁和低端梯梁，锚固长度 ≥ 5d 且至少伸过支座中线（图 4-5-4）。

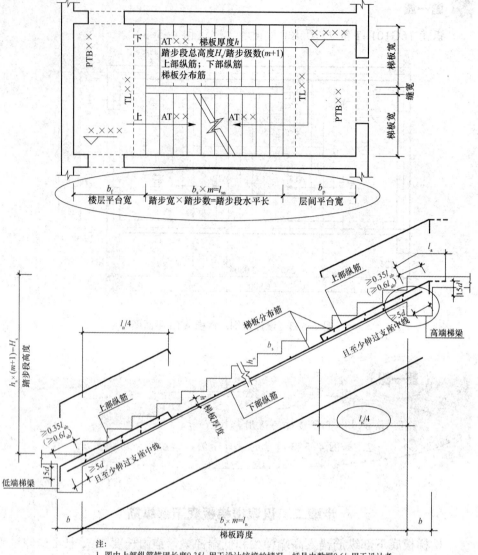

注：
1. 图中上部纵筋锚固长度0.35l_{ab}用于设计铰接的情况，括号内数据0.6l_{ab}用于设计考虑充分发挥钢筋抗拉强度的情况，具体工程中设计应指明采用何种情况。
2. 上部纵筋需伸至支座对边再向下弯折。
3. 上部纵筋有条件时可直接伸入平台板内锚固，从支座内边起总锚固长度不小于l_a，如图中虚线所示。
4. 踏步两头高度调整见16G101-2第50页。

图 4-5-4　AT 型楼梯下部纵筋构造

 做一做

识读16G101-2第23页AT型楼梯设计示例：下部纵筋如何配置？

步骤三　识读楼梯支座上部纵筋

楼梯上部纵筋锚入高端梯梁和低端梯梁，伸入跨内长度$l_n/4$（l_n为梯板跨度净跨）（图4-5-5）。

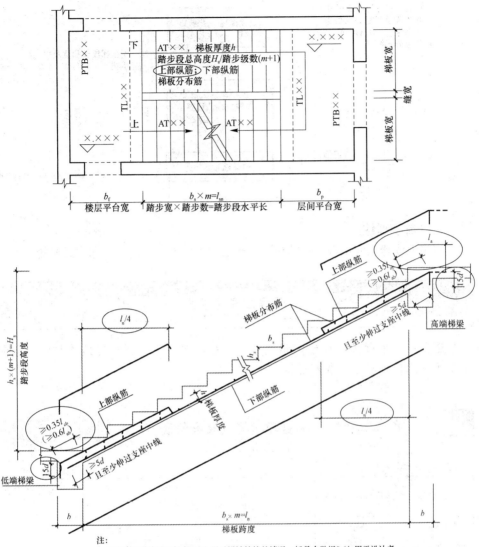

注:
1. 图中上部纵筋锚固长度0.35l_{ab}用于设计铰接的情况,括号内数据0.6l_{ab}用于设计考虑充分发挥钢筋抗拉强度的情况,具体工程中设计应指明采用何种情况。
2. 上部纵筋需伸至支座对边再向下弯折。
3. 上部纵筋有条件时可直接伸入平台板内锚固,从支座内边算起总锚固长度不小于l_a,如图中虚线所示。
4. 踏步两头高度调整见16G101-2第50页。

图 4-5-5　楼梯上部纵筋截断、锚固

做一做

1. 识读 16G101-2 第 23 页 AT 型楼梯设计示例:上部纵筋如何配置?
2. 绘制楼梯配筋纵剖图,标注必要的尺寸。

巩固与训练

一、知识巩固
知识脉络如图 4-5-6 所示。

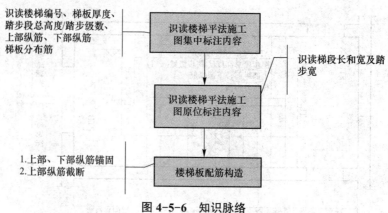

图 4-5-6 知识脉络

二、自学训练

自主识读建工大楼楼梯的结构图，并绘制楼梯配筋纵剖图，标注必要的尺寸。

项目四学习成果

选择一套实际工程图纸，识读基础、柱、梁、板、楼梯等结构构件，绘制必要的结构构件纵剖图和断面图。

项目四学习成果评价表

项目名称：结构构件钢筋图   考核日期：

成果名称	结构构件钢筋图	内容要求	符合结构制图标准，比例图幅适当，钢筋识读正确，线型分明
考核项目	分值	自评	考核要点
基础钢筋图	15		符合制图标准，钢筋识读正确
柱钢筋图	25		符合制图标准，钢筋识读正确
梁钢筋图	30		符合制图标准，钢筋识读正确
板钢筋图	15		符合制图标准，钢筋识读正确
楼梯钢筋图	15		符合制图标准，钢筋识读正确
小计	100		

考核人员	分值	评分	
（指导）教师评价	100		根据学生完成情况进行考核，建议教师主要通过肯定成绩引导学生，同时对于存在的问题要反馈给学生
小组互评	100		主要从知识掌握、小组活动参与度等方面给予中肯评价
总评	100		总评成绩＝自评成绩×30%＋（指导）教师评价成绩×50%＋小组互评成绩×20%

项目五 设备施工图识读

项目导入

建筑设备施工图的组成与特点

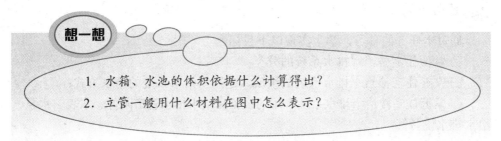

想一想

1. 水箱、水池的体积依据什么计算得出？
2. 立管一般用什么材料在图中怎么表示？

一、建筑设备施工图的组成

建筑设备施工图是建筑设备工程建设项目共同的技术语言，是表达设计思想、交流设计意图、组织工程施工、完成工程预算的重要依据。建筑设备施工图必须将对整个建筑水、电、暖的设计思路和内容的设计意图按专业分工表达出来，所以，就出现了不同专业的图样，并按照一定的顺序编排出来。

二、建筑设备施工图的特点

建筑设备作为房屋的重要组成部分，其施工图主要有以下特点：

（1）各设备系统一般采用统一的图例符号表示，这些图例符号一般并不完全反映实物的原形。因此，要了解这类图纸，首先应了解与图纸有关的各种图例符号及其所代表的内容。

（2）各设备系统都有自己的走向，在识图时，应按一定顺序去读，使设备系统一目了然，更加易于掌握，并能尽快了解全局。例如，在识读电气系统和给水系统时，一般应按下面的顺序进行：

电气系统：进户线→配电盘→干线分配电板→支线用电设备；给水系统：引入管→水表井→干管立管→支管→用水设备。

（3）各设备系统常常是纵横交错敷设的，在平面图上难以看懂，一般需要配备辅助图形——轴测投影图来表达各系统的空间关系。这样，两种图形对照阅读，就可以将各系统的空间位置完整地体现出来，更加有利于对各施工图的识读。

（4）各设备系统的施工安装、管线敷设需要与土建施工相互配合，在看图时应注意不同设备系统的特点及其对土建施工的不同要求（如管沟、留洞、埋件等），注意查阅相关的土建图样，掌握各工种图样之间的相互关系。

做一做

浏览图纸中的水、暖、电施工图，初步了解水、暖、电施工图的表达方法，并记录下来，组内同学进行交流、讨论。

任务 5.1　给水排水施工图识读

任务学习目标

通过本任务的学习，学生实现以下目标：

□ 掌握住宅楼给水排水系统的分类；

□ 掌握住宅楼给水排水系统的组成、建筑物给水系统的给水方式；

□ 掌握住宅楼给水排水系统常用的设备和给水排水管道附件、水表、水泵、给水排水设备等。

任务描述

一、任务内容

通过对本任务的学习，掌握住宅楼给水排水系统的分类、组成和给水排水方式，掌握给水排水系统常用的管材和附件。

二、实施条件

（1）建筑工程图纸中的施工图设计说明、住宅楼给水排水平面图、住宅楼给水排水系统图、住宅楼给水排水大样图。

（2）A4 纸若干、专业画图笔、丁字尺等。

程序与方法

步骤一　阅读施工图设计说明

网络空间

给排水施工图纸

相关知识

一、工程概况

该工程主体结构设计使用年限为 50 年，结构安全等级为二级，抗震设防类别为丙类，抗震设防烈度为 7 度；耐火等级为地上二级；屋面防水等级为 II 级。

二、设计范围

1. 给水系统

（1）自来水给水系统。

1）水源和水质：水为市政自来水；城市自来水供水已符合国家饮用水标准，本设计不再进行饮用水水质处理。

2）给水系统：采用市政管网直接供水，入口所需水 0.30 MPa，市政压力满足要求。

3）自来水计量方式：住宅采用普通水表计量，水表设置于室外水表井中。

4）管材及接口：各户住宅自来水管采用 PPR 管（公称压力为 1.25 MPa），热熔连接。

（2）热水给水系统。

1）各户设置太阳能热水器及电热水器供给热水，热水最高供水温度为 60 ℃。

2）太阳能给水立管设置管井内，并通过卫生间太阳能旁通管电磁阀供水，水满自动停止供水。

3）太阳能安装参见图集 L13S3-107。

4）各户住宅热水管采用 PB 管（公称压力为 2.0 MPa），热熔连接。

2．排水系统

（1）排水系统：本工程采用污、废水合流系统，重力自流排出。

（2）污、废水排水管材及接口：排水管道为硬聚氯乙烯排水管支管及立管采用消声型，埋地为实壁型，承插粘接式接口；管道井、热力小室废水排水出户管，屋面以上通气管采用机制排水铸铁管及相应管件，承插连接，水泥接口。

3．雨水系统

住宅屋面雨水采用外排水的方式排放，详见建施。

 笔记

步骤二　识读给水排水平面图

 相关知识

一、给水系统

建筑给水系统（图 5-1-1）包括生活给水系统和生产给水系统。

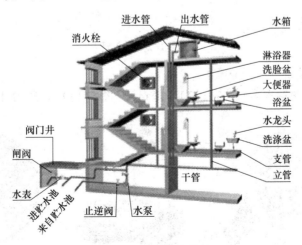

图 5-1-1　建筑给水系统

1．生活给水系统

生活给水系统包括供民用住宅、公共建筑，以及工业企业建筑内饮用、烹调、盥洗、洗涤、淋浴等生活用水。

根据用水需求的不同，生活给水系统又可分为饮用水（优质饮水）系统、杂用水系统、建筑中水系统。

2．生产给水系统

生产给水系统是为了满足生产工艺要求设置的用水系统，其包括供给生产设备冷却、原材料和产品洗涤，以及各类产品制造过程中所需要的生产用水。

生产给水系统也可以划分为循环给水系统、复用水给水系统、软化水给水系统、纯水给水系统等。

3．共用给水系统

以上两种给水系统，可以单独设置，也可以联合共用，根据建筑内部用水所需要的水质、水压、水量等情况，以及室外给水系统情况，通过技术、经济、安全等方面的综合分析，可以组成不同的共用给水系统。

二、给水设备

给水系统常用设备如下。

1. 引入管

引入管为建筑物的总进水管，与室外供水管网连接，如图5-1-2所示。

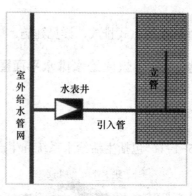

图 5-1-2　引入管

2．计量设备

计量设备包括水表（图5-1-3）、流量计（图5-1-4）、压力计等（图5-1-5）。

图 5-1-3　水表　　　　　图 5-1-4　流量计　　　　　图 5-1-5　压力计

3．建筑给水管网

建筑给水管网包括干管、立管和支管，如图 5-1-6 所示。

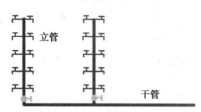

立管

干管

图 5-1-6　给水管网

4．给水附件

给水附件是指给水管道上的调节水量、水压、控制水流方向，以及断流后便于管道、仪器和设备检修用的各种阀门。其具体包括闸阀、截止阀、止回阀、球阀、安全阀、旋塞等。

（1）闸阀。阀体内有一平板与介质流动方向垂直，故也称为楔式闸阀、平行式闸阀和弹性闸板三种，其中平行式闸板应用普遍。常用闸阀见表 5-1-1。

表 5-1-1　常用闸阀

阀门名称	型号	阀体材料	公称直径
内螺纹闸阀	Z15T-1	灰铸铁	$DN50 \sim DN40$
内螺纹闸阀	Z15T-1K	可锻铸铁	$DN25 \sim DN50$
法兰式闸阀	Z44W-1	灰铸铁	$DN125 \sim DN250$
法兰式闸阀	Z41T-1	灰铸铁	$DN50 \sim DN100$

（2）截止阀。如图 5-1-7 所示，利用阀杆下端的阀盘（或阀针）与阀孔的配合来启闭介质流。按结构形式不同可分为直通式、直角式和直流式三种，其中直通式应用普遍，直角式次之，直流式很少应用；按连接形式不同可分为螺纹式与法兰式两种。

截止阀的流体阻力较闸阀大些，体形较同直径的闸阀长些，广泛应用于水暖管道和工业管道工程中。

图 5-1-7　截止阀

（3）止回阀。止回阀也称逆止阀、单向阀、单流阀，是一种自动启闭的阀门。在阀体内有一阀盘（或摇板），当介质顺流时，靠其推力将阀盘升起（或将摇板旋开），介质流过；当介质倒流时，阀盘或摇板靠其自重和介质的反向压力自动关闭。按结构不同可分为升降式和旋启式两种，其中旋启式又可分为单瓣和多瓣两种；升降式又可分为立式升降式和升降式两种。立式升降式安装在垂直管道上；升降式和旋启式安装在水平管道上。按连接形式不同可分为内螺纹式和法兰式两种。止回阀广泛用于水暖管道和工业管道工程中。

常用止回阀见表 5-1-2。

表 5-1-2　常用止回阀

阀门名称	型号	阀体材料	公称直径
升降式止回阀	H11T-1.6K	可锻铸铁	DN15～DN65
升降式底阀	H42X-0.25	灰铸铁	DN100～DN200
旋启式止回阀	H14T-1	灰铸铁	DN15～DN50

（4）安全阀。安全阀是自动保险（保护）装置。当设备、容器或管道系统内的压力超过工作压力（或调定压力值）时，安全阀自动开启，排放出部分介质（气或夜）；当设备、容器或管道系统内的压力低于工作压力（或调定压力值）时，安全阀便自动关闭。安全阀按结构不同可分为弹簧式和杠杆式两种；按连接形式不同可分为法兰式和内螺纹式两种。

（5）球阀。在阀体内，位于阀杆的下端有一球体，在球体上有一水平圆孔，利用阀杆的转动来启闭介质流（当阀杆转动 90°时为全闭），常用的为小直径内螺纹球阀，其公称直径一般在 DN50 以内。

（6）旋塞。如图 5-1-8 所示，在阀体内，位于阀杆的下端有一圆柱体，在圆柱体上有一矩形孔（或水平圆孔）利用阀杆的转动来启闭介质流。

图 5-1-8　旋塞

三、增压、贮水设备

当室外供水管网的水压、水量不能满足建筑用水要求，或建筑物内部对供水的稳定性、安全性有要求时，必须设置各种增压、贮水设备，起调节水量、升压、贮水等作用。

贮水设备有水泵、气压给水装置、水池、水箱等，如图 5-1-9～图 5-1-12 所示。

图 5-1-9　潜水轴流泵

图 5-1-10　NB 型凝结水泵

图 5-1-11　锅炉给水泵

图 5-1-12　SK 型水循环真空泵

四、配水装置和用水设备

配水装置和用水设备包括各类卫生器具和用水设备的配水龙头与生产、消防等用水设备，如图 5-1-13 ～图 5-1-16 所示。

图 5-1-13　单把立式菜盆龙头

图 5-1-14　面盆单把龙头

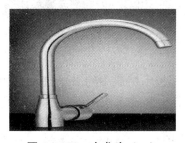

图 5-1-15　水龙头（一）

图 5-1-16　水龙头（二）

 做一做

认识给水系统，熟悉本节介绍的给水设备。

步骤三　识读给水排水系统图

 相关知识

一、上行下给式

（1）特征及使用范围：水平配水管敷设在顶层顶棚下或吊顶之内，设有高位水箱的居住公共建筑、机械设备或地下管线较多的工业厂房多采用这种方式。

（2）优缺点：与下行上给式布置相比，最高层配水点流出水头稍高，安装在吊顶内的配水干管可能漏水或结露而损坏吊顶和墙面。

上行下给式系统如图 5-1-17 所示。

二、下行上给式

（1）特征及使用范围：水平配水管敷设在低层（明装、暗装或沟敷）或地下室顶棚下。居住建筑、公共建筑和工业建筑，在用外网水压直接供水时多采用这种方式。

优缺点：简单，明装方式便于安装维修，与上行下给式布置相比，最高层配水的流出水头较低，埋地管道检修不便。

下行上给式系统如图 5-1-18 所示。

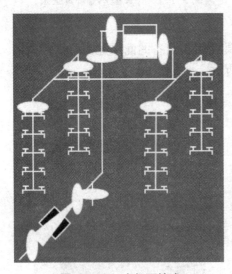

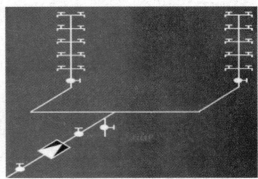

笔记

图 5-1-17　上行下给式　　　　　　　图 5-1-18　下行上给式

三、中分式

（1）特征及使用范围：水平干管敷设在中间技术层或中间吊顶内，向上和向下两个方向给水。屋顶用作茶座、舞厅或设有中间技术层的高层建筑多采用这种方式。

（2）优缺点：管道安装在技术层内便于安装维修，有利于管道排气，且不影响屋顶多功能使用；需要设置技术层或增加某中间层的层高。

中分式系统如图 5-1-19 所示。

四、环状式

（1）特征及使用范围：水平配水干管或立管互相连接成环，组成水平干管环状或立管环状。高层建筑、大型公共建筑和工艺要求不间断给水的工业建筑常采用这种方式。

（2）优缺点：任何管道发生事故时，可用阀门关闭事故管段而不中断给水，水流畅通，水损小，水质不易因滞留而变质，但管网造价高。

环状式系统如图 5-1-20 所示。

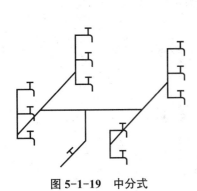

图 5-1-19　中分式

图 5-1-20　环状式

 做一做

识读图纸，小组讨论、交流给水系统情况，并做好识读记录。

步骤四　综合识读建筑给水系统

相关知识

直接给水方式，如图 5-1-21 所示。

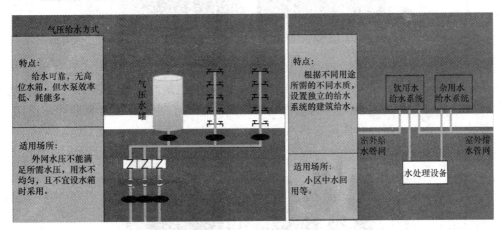

图 5-1-21　直接给水方式

做一做

阅读住宅楼给水系统图，读出图中信息与小组成员交流。

步骤五　识读给水排水常用管材及附件

相关知识

一、常用管材、附件

1. 常用管材

管材分类如图 5-1-22 所示。

```
                    ┌ 钢管（镀锌钢管、非镀锌钢管）
           金属管材 ┤ 铸铁管
           │        └ 铜 管
    管材 ┤
           │        ┌ UPVC 塑料管（硬聚氯乙烯管）
           │        │ PPR 管（聚丙烯管）
           │        │ PB 管（聚丁烯管）
           └ 非金属管材┤ PE（交联聚乙烯管）
                    │ ABS（丙烯腈 - 丁二烯 - 苯乙烯管）
                    │ 铝塑复合管
                    └ 钢塑复合管
```

图 5-1-22　管材分类

（1）塑料管（PE）（图 5-1-23）。耐腐蚀、不结垢；耐高温（95 ℃）、高压；质量轻、安装方便、导热系数小；外形美观、内外壁光滑；寿命长，可达 50 年以上。

笔记

图 5-1-23　塑料管

（2）塑料管（PVC）（图 5-1-24）。PVC 管道最高耐温可达 95 ℃，耐老化和抗紫外线性能与耐化学腐蚀性能好，具有较高的冲击性强度和韧性，适用于化工、高温、腐蚀介质输送热水、温水等场合。

图 5-1-24　PVC 塑料管

（3）聚丁烯管（PB）（图 5-1-25）。在 95 ℃ 下可以长期使用，最高使用温度可达 110 ℃，耐环境应力开裂性，材质轻、柔韧、抗冲击性好，可以用于冷热水系统。

（4）铸铁管（图 5-1-26）。铸铁管是由生铁制成的。按照材质不同，可分为球墨铸铁管、普通灰口铸铁管及高硅铁管。铸铁管多用于给水管道埋地敷设的工程。其特点是腐蚀性强；使用时间长；价格低；脆性强；长度小，质量重。

（5）钢管（图5-1-27、图5-1-28）。钢管有焊接钢管和无缝钢管。焊接钢管可分为镀锌钢管和不镀锌钢管。其优点是强度高，承受流体压力大，抗震性能好，长度大，加工方便；其缺点是抗腐蚀性差，易影响水质。

图5-1-25　聚丁烯管（PB）

1）焊接钢管：焊接钢管由卷成管形的钢板以对缝或螺旋缝焊接而成。其可分为镀锌管和非镀锌管。按壁厚不同可分为薄壁管、普通管和加厚管。

2）无缝钢管：优质碳素钢或合金钢制成有热、冷轧（拔）之分。管径超过75 mm时用热轧管，管径小于75 mm时用冷拔（轧）管。

无缝钢管同一外径有多种壁厚，承受的压力范围较大。

图5-1-26　铸铁管　　　图5-1-27　焊接钢管　　　图5-1-28　无缝钢管

（6）钢塑复合管（图5-1-29、图5-1-30）。钢塑复合管由普通镀锌钢管和管件及ABS、PVC、PE等工程塑料管道复合而成，兼镀锌钢管和普通塑料管的优点。

图5-1-29　钢塑复合管　　　　　　图5-1-30　热水型钢塑复合管

（7）铝塑复合管（PAP）（图5-1-31～图5-1-33）。膨胀系数小，强度大、韧性好、耐冲击；耐腐蚀、不结垢；耐95 ℃高温、高压；导热系数小；质量轻；外形美观；内外壁光滑，可以埋地；安装方便；采用热熔连接，使用寿命长，可达50年以上。

图 5-1-31　涂塑管

图 5-1-32　衬塑管

图 5-1-33　铝塑复合管

（8）铜管（图 5-1-34）。铜管具有耐磨紧密特点，能有效防潮及抗腐蚀，适用于埋地、埋墙和腐蚀环境中；铜管可有效防止卫生器具污染、光亮美观，适用于宾馆等高级建筑物中。

图 5-1-34　铜管

2．附件

给水附件是指给水管道上的调节水量、水压、控制水流方向、改善水质、关断水流，或检修用的各类阀门和设备。

笔记

二、阀门和管路附件

1．水龙头

各类水龙头，如图 5-1-35 ～图 5-1-38 所示。

图 5-1-35　淋浴龙头

图 5-1-36　双把铜面盆龙头

图 5-1-37　一体感应单把水龙头

图 5-1-38　四方厨房龙头

2. 水表

水表的分类与选用，如图 5-1-39 所示。

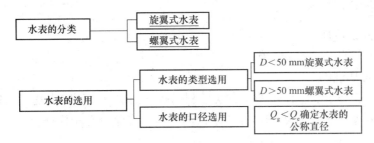

图 5-1-39　水表的分类与选用

（1）螺翼式水表（图 5-1-40）。螺翼式水表用于计量大流量管道的水流总量，特别适用于给水主管道和大型厂矿用水量的需要。其主要特点是流通能力大、体积小、结构紧凑、便于使用和维修。

图 5-1-40　螺翼式水表

螺翼式水表表示：LXL-80 表示水平螺翼式水表公称口径为 80 mm。

（2）旋翼式水表（图 5-1-41～图 5-1-44）。旋翼式水表适用于小口径管道的单向水流总量的计量，如用口径 15 mm、20 mm。这种水表主要由外壳、叶轮测量机构和减速机构以及指示表组成，具有结构简单的特点。

旋翼式水表表示：LXS-15 表示水平旋翼式水表公称口径为 15 mm。

图 5-1-41　非接触式 IC 卡智能水表

图 5-1-42　远传水表

图 5-1-43　旋翼式水表

图 5-1-44　流量计

巩固与训练

一、知识巩固

知识脉络如图 5-1-45 所示。

二、自学训练

根据任务 5.1 的工作步骤及方法，利用所学知识，自主完成某工程建筑施工图中给水排水平面图的绘制，并在小组内展示、交流，互相检查。

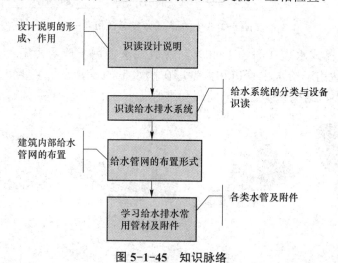

图 5-1-45　知识脉络

任务 5.2　建筑采暖系统认知与识图

任务学习目标

通过本任务的学习，学生实现以下目标：

□ 掌握采暖系统的形式；
□ 了解采暖系统散热器的性能；
□ 学会采暖系统工程图的阅读；
□ 熟练掌握采暖系统图纸的使用。

任务描述

一、任务内容

通过本任务的学习全面理解供暖的组成、形式，掌握有关采暖方面的基本知识。

二、实施条件

（1）建筑工程图纸中的采暖施工图。

（2）A4 纸若干，丁字尺、橡皮、画笔等。

步骤一　阅读施工图设计说明

相关知识

一、设计依据

（1）《民用建筑供暖通风与空气调节设计规范》（GB 50736—2012）。

（2）《居住建筑节能设计标准》（DB 37/5026—2014）。

（3）《供热计量技术规程》（JGJ 173—2009）。

（4）《民用建筑热工设计规范》（GB 50176—2016）。

（5）《辐射供暖供冷技术规程》（JGJ 142—2012）。

（6）《建筑设计防火规范（2018 年版）》（GB 50016—2014）。

（7）《住宅设计规范》（GB 50096—2011）。

（8）《建筑机电工程抗震设计规范》（GB 50981—2014）。

（9）建设单位对本工程的有关意见、要求及其他专业提供的相关资料。

@网络
空间

采暖施工图纸

二、暖通节能设计

（1）不采暖房间及管井内的采暖管道均加保温。

（2）管井内加温控阀。

（3）热力入口回水管设压差控制阀。

（4）分集水器分环控制，各个环路长度相近，确保水力平衡。

（5）建筑物热力入口处设置具备数据通信和远传功能的楼前热量表。

（6）热力入口设置热量总表，分户热量表设于各层分户支管上。

三、管材及安装

（1）本工程采暖管道均采用同热镀锌钢管，用 $DN\times\times$ 表示。

（2）立管至分集水器安装管道采用热水（PPR）管材系列为 S5。

（3）住宅敷设于地面填充层内管道采用（PEEP）管材系列为 S4，管径均为 $De20$。

（4）室外埋地干管采用无缝钢管、聚氨酯保温（保温厚度为 30 mm）、高密度聚乙烯保护套管结合成一体的预制直埋管道。

（5）北侧空调凝结水立管采用 PVC 管 $De50$ 粘结，南侧阳台空调凝结水排至地漏。

四、保温及防腐

1．保温

（1）不采暖房间的采暖管道均加保温。

（2）保温采用带铅箔的超细玻璃丝绵，缠玻璃丝布，刷两遍防火涂料，$DN40$ 厚度为 35 mm，$DN50 \sim DN100$ 厚度为 40 mm，超细玻璃丝的密度为 45 kg/m，导热系数小于 0.036 W/m，保温做法详见 13N9-1 ～ 69。

2. 防腐

管道和设备的支、吊架均应在除锈后刷防锈漆两道，在混凝土中埋固的金属构件均应除锈及油污。

阅读一套完整的图纸时，首先看其设计说明。因为在说明中提到此工程用到的相关规范，在施工时有不清楚的地方可以在规范中查阅；通过阅读设计说明，可以更加理解设计者的思路并便于施工。

做一做

尝试阅读采暖平面图的设计说明。

步骤二　阅读采暖平面图

相关知识

采暖平面图的识读方法如下。

1. 识图顺序

先阅读采暖平面图，再对照采暖平面图读采暖系统图，然后识读详图。

（1）采暖平面图识读顺序。先识读底层、中间层、顶层的采暖设备，再由热力入口起，顺序识读汽干、立、支管及凝水支、立、干管。

（2）采暖系统图的识读顺序。从热力入口起，延气流的方向识读。其顺序为供汽总管、供汽干管、各供汽立管、各组散热器的供汽支管、各组散热器的凝水支管、各凝水立管、凝水干管、凝水总管。

（3）详图的识读顺序。对平面图、系统图、标准图中所缺的接点图局部。先立、干管的连接，再散热器与支管的连接，然后膨胀水箱等设备与干管的连接。

2. 热水采暖系统入口装置，热量表、疏水器、过滤器的作用

（1）室外供热管道与室内采暖系统碰头处的减压阀、安全阀、压力表、温度计等一起称为采暖系统入口装置。其主要用于系统的启闭。

（2）热量表。热量表是测量用户消耗热量的仪表，根据热量表上显示的数据可对供暖用户进行计量收费。目前使用较多的热量表根据管路中供回水温度及热水流量确定仪表的采样时间，进而得出供给建筑物的热量。

（3）疏水器（图 5-2-1）。疏水器也称疏水阀、隔汽具，设在蒸汽系统中。其作用是自动排除蒸汽管道、设备和散热器内的凝结水，阻止蒸汽通过。

（4）过滤器（图 5-2-2）。过滤器是安装在入口供水干管上过滤管路内水中的泥沙等。其作用是确保系统内水质的洁净，防止堵塞管路等附件。

图 5-2-1　疏水器

图 5-2-2　过滤器

热水供暖系统膨胀水箱冒水的原因如下：

（1）膨胀水箱设置的位置低，系统运行时满足不了压力波动的需求。无论是自然循环热水供暖系统，还是机械循环热水供暖系统，膨胀水箱都应设置在系统的最高点。膨胀水箱在系统运行时，起着容纳膨胀水箱容量、定压（机械循环）排气（自然循环）的作用。自然循环膨胀水箱的位置应高于系统 3 m 以上，机械循环膨胀水箱的位置应高于系统 2 m 以上。

（2）膨胀水箱与供暖系统连接的位置不正确。自然循环热水供暖系统膨胀水箱应与供水立管相连，位于系统的最高端，水平干管低头安装，膨胀水箱起排气的作用；机械循环热水供暖系统的膨胀水箱与回水干管相连，膨胀管设置在循环水泵吸水口前 1.5～2.0 m，膨胀水箱起定压作用。

（3）膨胀水箱容积小，容纳不了系统膨胀水箱容量。随着供暖系统的扩大，热源担负的负荷增加。

（4）供暖系统附属设备选择不合理，循环水泵扬程太大。

做一做

识读图纸中的采暖平面图，读出图中信息与小组交流。

步骤三　阅读采暖系统图

相关知识

阅读系统图给人一种直观、立体的感觉，再与前面的平面图进行对照识读。

按照系统的布置方式可分为垂直式与水平式，垂直式可分为上供下回式系统、下供下回式系统、中供式系统；水平式可分为顺流式、跨接式。按照散热设备与立管的连接方式可分为单管系统和双管系统。按照供回水干管的敷设位置来分，供水有上供式、下供式、中供式；回水有下回式、上回式。本节主要讲述垂直式与水平式的内容。

一、垂直式系统

垂直式系统是指将垂直位置相同的各个散热器用立管进行连接的方式。

1. 上供下回式系统

上供下回式系统的供水干管位于顶层散热器之上，回水干管位于底层散热器之下，通常敷设于地下室或地沟中（图5-2-3）。

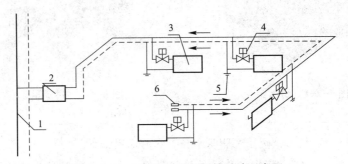

图 5-2-3 上下回式水平双管系统示意图

1—公用立管；2—入户装置；3—散热器；4—温控阀；5—泄水阀；6—放气阀

2. 下供下回式系统

下供下回式系统的供回水干管均敷设在底层散热器的下面。其优点是干管的热损失小；缺点是系统的排气困难（图5-2-4）。目前这种系统多用于分户计量的地方。

3. 中供式系统

中供式系统的总供水干管敷设在系统的中部。总供水干管以上为上供下回式，上部系统可采用下供下回式，也可采用上供下回式（图5-2-5）。

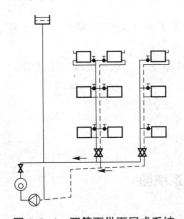

图 5-2-4 双管下供下回式系统

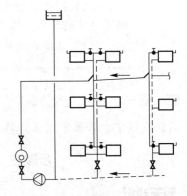

图 5-2-5 双管中供式系统

4. 双管上供下回式系统

双管上供下回式系统的供水干管敷设在系统的底部，回水干管敷设在系统的顶部。这种系统散热器的进出水方向是下进上出，因此，远低于上进下出时的传热效果，散热器的面积会增大。

单双管混合式系统是将垂直方向的散热器按2～3层为一组，在每组内采用双管系统，而组与组之间采用单管连接。因此，既可避免楼层过多时双管系统产生的垂直失调现象，又能克服单管系统散热器不能单独调节的缺点。该系统应用于高层建筑中。

二、水平式系统

水平式系统是指将同一层的散热器用水平管线连接的方式。水平式系统可分为水平顺流式和水平跨越式两种（图5-2-6）。

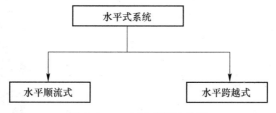

图 5-2-6　水平式系统分类

1.水平顺流式

水平顺流式是用一条水平管将同一楼层的各组散热器串联在一起，热水按先后顺序流经各组散热器，水温由近及远逐渐降低。

2.水平跨越式

水平跨越式是用水平管将同一楼层的各组散热器并联在一起，可通过设置在每组散热器上的阀门调节进入散热器的流量。

做一做

识读图纸采暖系统图，读出图中信息与小组交流。

步骤四　阅读采暖详图

不同散热器的特点及应用场所见表5-2-1。

表 5-2-1　不同散热器的特点及应用场所

散热片类型	特点	应用场所	图片
柱型散热器	柱形散热器通常由灰口铸铁铸造而成，其形状为矩形片状，中间有几根中空的立柱，各立柱的上、下端互相连通	广泛用于民用建筑和公用建筑中	
圆翼型散热器	由灰口铸铁铸造而成，其形状是外有翼片内部呈扁盒状的空间	多用于民用建筑中	

散热片类型	特点	应用场所	图片
钢串片式散热器	钢串片式散热器由钢管和薄钢板制成，承受能力较高	多用于民用建筑和公共建筑中	
光管式散热器	光管式散热器由钢管组对焊接而成。 优点：承受能力高，不需要组队，易于清扫灰尘，造价较低。 缺点：占用空间大，不美观	常用于灰尘多的车间	

1. 低温辐射发热电缆采暖

低温辐射发热电缆采暖系统由发热电缆和温控器两部分组成。发热电缆铺设于地面中，温控器安装于墙面上。发热电缆是一种通电后发热的电缆，其由实芯电阻线（发热体）、绝缘层、接地导线、金属屏蔽层及保护套构成，通常采用地板式，将发热电缆埋设于混凝土中。

当室内环境温度或地面温度低于温控器设定的温度时，温控器接通电源，发热电缆通电后开始发热升温，发出的热量被覆盖着的水泥层吸收，均匀地加热室内空气，还有一部分热量以远红外辐射的方式直接释放到室内。

2. 分、集水器与埋地盘管

低温地板辐射采暖的楼内系统一般通过设置在户内的分水器、集水器与户内管路系统连接。分、集水器常组装在一个分、集水器箱体内，每套分、集水器宜接 3～5 个回路，最多不超过 8 个。分、集水器宜布置在厨房、盥洗间、走廊两头等既不占用主要使用面积，又便于操作的部位，并留有一定的检修空间，且每层安装位置应相同。卫生间一般采用散热器采暖，自成环路，采用类似光管式散热器的干手巾架与分、集水器直接连接。为了减少流动阻力和保证供、回水温差不致过大，加热盘管均采用并联布置（图 5-2-7）。

埋地盘管的每个环路宜采用整根管道，中间不宜有接头，以防止渗漏。加热管的间距不宜大于 300 mm。PB 和 PE-X 管转弯半径不宜小于 6 倍管道外径，其他管材不宜小于 5 倍管道外径，以保证水路畅通（图 5-2-8）。

分、集水器安装如图 5-2-9 所示。

（1）分、集水器安装可在加热管敷设前安装，也可在敷设管道回填细石混凝土后与阀门、水表一起安装。安装必须平直、牢固，在细石混凝土回填前安装需做水压试验。

（2）当水平安装时，一般宜将分水器安装在上、集水器安装在下，中心距宜为 200 mm，且集水器安装距离地面不小于 300 mm。

（3）当垂直安装时，分、集水器下端距离地面应不小于 150 mm。

（4）加热管始末端出地面至连接配件的管段，应设置在硬质套管内。加热管与分、集水器分路阀门的连接，应采用专用卡套式连接或插接式连接件连接。

图 5-2-7　分、集水器

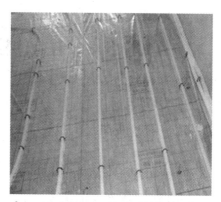

图 5-2-8　加热管

图 5-2-9　分、集水器安装

巩固与训练

一、知识巩固

知识脉络如图 5-2-10 所示。

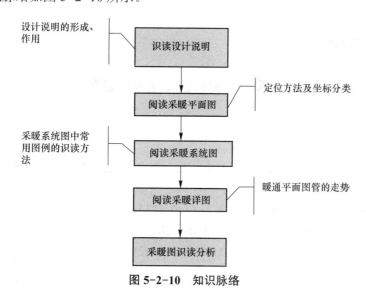

图 5-2-10　知识脉络

二、自学训练

根据任务 5.2 的工作步骤及方法，利用所学知识，自主完成某工程建筑施工图中采暖平面图的绘制，并在小组内展示、交流，互相检查、评价、取长补短。

任务 5.3　住宅楼照明系统认知与识图

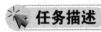

任务学习目标

通过本任务的学习，学生实现以下目标：

☐ 了解设计说明的内容；

☐ 掌握电气施工图纸的使用；

☐ 掌握照明系统图的识读；

☐ 能正确识读照明平面图。

任务描述

一、任务内容

通过本任务的学习，可对图纸知识有一个系统的了解，应加强系统图、平面图、详图的识读，注重联系三者之间的使用。识读建筑电气工程图纸中的照明平面图，写一份识读报告，内容包括插座、开关、配电干线图的组成。

二、实施条件

（1）建筑电气工程图纸中的照明平面图。

（2）A4 纸若干。

程序与方法

步骤一　阅读施工图设计说明

 相关知识

一、工程概况

总建筑面积为 2 450.38 m^2，地上六层，建筑高度为 19.249 m，框架结构。

二、设计依据

（1）《民用建筑电气设计标准》（GB 51348—2019）。

（2）《住宅设计规范》（GB 50096—2011）。

（3）《低压配电设计规范》（GB 50054—2011）。

查阅《民用建筑电气设计标准》（GB 51348—2019）

（4）《供配电系统设计规范》（GB 50052—2009）。

（5）《建筑照明设计标准》（GB 50034—2013）。

（6）《住宅建筑电气设计规范》（JGJ 242—2011）。

（7）《山东省住宅建筑设计规范》（DBJ 14—S1—97）。

（8）建设单位委托设计任务书。

三、设计内容

设计内容包括低压配电系统、照明系统、防雷接地系统、电话宽带网系统、电缆电视系统、楼宇对讲系统、热量表远程超表系统。

（1）本工程点负荷属三级负荷，总计算负荷为 76.86 kW。

（2）采用一路 380/220 V 电源供电。电源进线采用 YJV22—1.0 kV 电力电缆埋地敷设引自配电间，电源进线由室外穿防水管套管埋地引入，系统采用 T—C—S 形式。总配电箱、计量箱设置在一层，总接地线在电源进线处同电源零线一起须与总等电位端子板连接做法见 L96D502—34、36。进出建筑物的金属管道与构件必须与总等电位端子板连接。

（3）所有配电箱均采用金属制品，并做可靠接地保护。灯具开关距离地面 1.3 m。插座 1.8 m 及以下采用安全型，未标注的安装高度为 0.3 m，厨房、卫生间采用防水溅型－带防溅盖。断路器上标明各回路名称。

（4）设淋浴设备的卫生间设局部等电位连接。

（5）照明回路导线采用 BV-450，导线穿氧指数 27 以上的难燃硬 PVC 管暗设，除系统图标注外，平面图标有 3（4）的采用 BV-3（4）X2.5-PVC：20-WC（FC），导线接头烫锡。

（6）箱体过大，建议顶端加过梁。

由此设计说明可以清楚看出建筑物位置、建筑面积、结构，还有设计此图纸所用到的设计依据。先来了解图纸的种类。

网络空间

电气施工图纸

建筑电气工程图是应用非常广泛的电气图之一，建筑电气工程图可以表明建筑物电气工程的构成规模和功能、详细描述电气装置的工作原理及提供安装技术数据和使用维护方法。根据建筑物的规模和要求不同，建筑电气工程图的种类和图纸的种类与图纸数量也不同，常用的建筑电气工程图主要有以下几类，如图 5-3-1 所示。

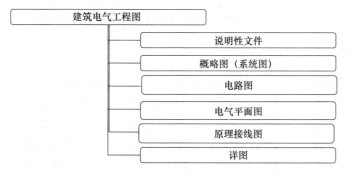

图 5-3-1 常用的建筑电气工程图

1．说明性文件

（1）图纸目录。内容包括序号、图纸名称、图纸编号、图纸张数等。

（2）设计说明（施工说明）。主要阐述电气工程的依据、工程的要求和施工原则、建筑特点、电气安装标准、安装方法、工程等级、工艺要求及有关设计的补充说明等。

（3）图例。即图形符号和文字代号，通常只列出本套图纸中涉及的一些图形符号和文字代号所代表的意义。

（4）设备材料明细表（零件表）。列出该项电气工程所需要的设备和材料的名称、型号、规格与数量，供设计概算、施工预算及设备订货时参考。

2．概略图（系统图）

概略图是用符号或带注释的框，概略表示系统或分系统的基本组成、相互关系及其主要特征的一种简图。

3．电路图

电路图是用图形符号并按工作顺序排列。其用途是详细理解电路、设备或成套装置及其组成部分的作用原理；为测试和寻找故障提供信息；作为编制接线图的依据。

4．电气平面图

电气平面图是以建筑平面图为依据，在图上绘制出电气设备、装置的安装位置及标注线路敷设方法等。常用的电气平面图有变配电所平面图、动力平面图、照明平面图、接地平面图、弱电平面图等。

5．原理接线图

安装接线图在现场常被称为安装配线图，主要用来表示电气设备、电器元件和线路的安装位置、配线方式、接线方式、配线场所等特征的图，一般与概略图、电路图和平面图等配套使用。

6．详图

详图是因为在原图纸上无法进行表述而进行详细制作的图纸，也称节点大样等。

🧑‍🤝‍🧑 做一做

识读建筑电气工程图纸中平面图，记录图名、比例及文字说明。

步骤二　阅读照明系统图

📖 相关知识

由竖向配电系统图 5-3-2 可以看出，进户线 YJV22-4×50-SC：80-FC 是交联聚乙烯绝缘内护层聚氯乙烯护套，外护层是双钢带聚氯乙烯护套的电缆。其中有 4 根截面面积为 50 mm^2 的导线，穿直径为 80 mm 的焊接钢管，沿地暗敷，敷设深度为 0.8 m。由进户电缆进线到 AL1 配电箱，再由 AL1 分线至 AL1-1、AL1-2 配电箱，AL1-1、AL1-2 两个配电箱分别向各楼层分线。电源从室外低压配电线路接线入户的设施称为进户装置。电源进户方式有低压架空进线和电缆埋地进线两种。

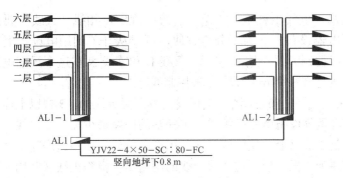

图 5-3-2　竖向配电系统图

 做一做

阅读照明系统图，记录每个配电箱的系统。

步骤三　阅读照明平面图

相关知识

先阅读底层照明平面图，再阅读标准层照明平面图，最后阅读顶层照明平面图，观察每层配电箱。平面图一般与系统图结合，用以编制工程预算和施工方案。

建筑物局部房间照明平面图与原理接线图关系如图 5-3-3 所示。

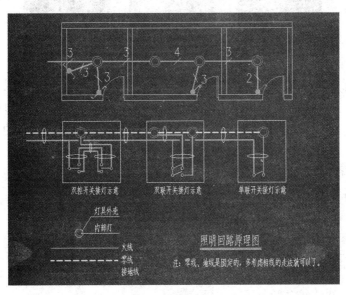

图 5-3-3　建筑物局部房间照明平面图与原理接线图关系

1. 平面图说明

（1）首先，需要了解平面图中的图形符号所代表的电气设备，导线穿墙连接到灯。因为灯具是单相用电设备，只需要接两根线，即火线（相线 L）和零线（中性线 N），根据国家规范的规定灯具也要接地线，因此，图中是 3 根线。其中火线经过开关后再链接到用电设备上。当闭合开关时，灯才可能有电流通过而工作。当断开开关时，灯没有通过电流，也没有电，可以比较安全更换灯管和进行维修。电气工程施工规范上有统一规定，相线（火线）要经过开关控制才能接到电器设备上。为了分析方便，可以从开关到用电设备上的这段导线成为开关（或控制）线，用 K 表示。火线 L 和零线 N 在这个局部电路中是共用的，而开关线是有一个开关就有 1 根控制线。

（2）在电气平面布置图中，2 根线是不需要标注的，3 根以上需要标注，因为在照明灯等电气设备电路中组成一个完整的回路最少需要 2 根线。连接导线只要标注 3 根或 3 根以上，就应该了解其用途。例如，在左边房间里从开关到灯的两段导线标注为 3 根，说明这 3 根导线的用途是 1 根为火线（共用），另外 2 根为经过开关的控制线，因为这是一个两地控制一盏灯的电路。两个开关之间也需要控制线进行连接，对应的原理接线图可知道详细接线。中间的房间导线标注 4 根，用途是火线经过开关在接到灯，零线是直接接灯，因为是双联开关，故有 2 根控制线 2K（一个开关控制一盏灯），由此可以明白为什么是 4 根。照明灯等电气设备电路中的接线图并不难，只要了解电的基本知识就可以看得懂。

2．导线的分类

在建筑电气工程中，室内配电线路最常用的导线主要是绝缘电线和电缆，如图 5-3-4 所示。

(a)　　　　　　　　(b)　　　　　　　　(c)

图 5-3-4　绝缘电线和电缆

（a）铜芯绝缘电线；（b）铝芯绝缘电线；（c）绝缘电缆

绝缘电线主要有塑料绝缘电线和橡胶绝缘电线两大类。导线型号中的第一位字母"R"表示布置用导线，第二位字母表示导体的材料，铜芯的不表示，铝芯用"L"，后几位表示绝缘材料及其他。

3．线路的文字标注基本格式

线路的文字标注基本格式为

$$ab-c\,(d\times e + f\times g)\,i-jh$$

式中　a——线缆编号；

　　　b——型号；

　　　c——线缆根数；

　　　d——线缆线芯数；

　　　e——线芯截面面积（mm^2）；

　　　f——PE、N 线芯数；

　　　g——线芯截面面积（mm^2）；

　　　i——线路敷设方式；

　　　j——线路敷设部位；

　　　h——线路敷设安装高度（m）（上述字母无内容时则省略该部分）。

例：12-BLV2（3×70＋1×50）SC70-FC，表示系统中编号为 12 的线路，敷设有 2 根（3×70＋1×50）电缆，每根电缆有 3 根 70 mm² 和 1 根 50 mm² 的聚氯乙烯绝缘铝芯导线，穿过直径为 70 mm 的焊接钢管沿地板暗敷设。

例：WP103YJV-0.6/1kV-2（3×120＋2×50）SC80-WS3，表示系统中电缆编号为 WP103，电缆的型号是交联聚乙烯绝缘聚氯乙烯护套电力电缆，规格最大承受电压为 1 kV，2 表示 2 根电缆并联，线芯 3 根导线的截面面积是 120 mm²，2 根导线的截面面积是 50 mm²，穿公称直径为 80 mm 的焊接钢管沿墙明敷，安装高度距离地面为 3 m。

灯具安装方式及文字符号见表 5-3-1。

表 5-3-1　灯具安装方式及文字符号

序号	名称	标注文字		序号	名称	标注文字符号	
		新标准	旧标准			新标准	旧标注
1	线吊式	SW	WP	7	顶棚内安装	CR	无
2	链吊式	CS	C	8	墙壁内安装	WR	无
3	管吊式	DS	P	9	支架上安装	S	无
4	壁装式	W	W	10	柱上安装	CL	无
5	吸顶式	C	—	11	座装	HM	无
6	嵌入式	R	R	12	台上安装	T	无

4．照明灯具的文字标注格式

照明灯具的文字标注格式为

$$a-bc×d×l/e\,f$$

式中　a——灯数；

　　　b——型号或者编号；

　　　c——每盏照明灯具的灯泡个数；

　　　d——灯泡容量（W）；

　　　e——灯泡安装高度（m）；

　　　f——安装方式；

　　　l——光源种类（常省略不标）。

例：10-PKY501 2×40/2.7 Ch 表示共有 10 套 PKY501 型双管荧光灯，容量为 2×40 W，安装高度为 2.7 m，采用链吊式安装。

常用电气图例符号见表 5-3-2。

表 5-3-2　常用电气图例

序号	图例	名称	规格	单位	数量	备注
1		配电箱		台		底距地 1.5 m
2	E	安全出口标志灯	1×15 W　应急时间 60 mm	盏		门洞上 200 m

序号	图例	名称	规格	单位	数量	备注
3	⊠	自带电源事故照明灯	2×15 W　应急时间60 min	盏		安装高度 2.6 m
4	◆▶	双向疏散指示灯	1×15 W　应急时间60 mm	盏		安装高度 0.6 m
5	◀	单向疏散指示灯	1×15 W　应急时间60 mm	盏		安装高度 0.6 m
6	⊢□⊣	双管荧光灯	2×36 W	盏		吊装高度 2.8 m
7	⊗	防水防尘灯	1×36 W	盏		吸顶
8	▭	预留等电位端子箱		个		距地 0.5 m
9	🔱	双联二、三极暗装插座	220 V/10 A	个		距地 0.5 m
10	●t	暗装延迟单板开关		个		安装高度为 1.3 m
11	●●↗	暗装双、三极开关		个		安装高度为 1.3 m
12	⌐TP	电话插座		个		距地 0.5 m
13	2TO⌐TO	宽带网插座		个		距地 0.5 m
14	⊡	广播	1×5 W	个		距地 3.0 m
15	◗	壁灯	1×36 W	个		距地 2.5 m 安装
16	◎	吸顶灯	1×36 W	个		吸顶

标注线路用途文字符号，见表 5-3-3。

表 5-3-3　线路用途文字符号

名称	常用文字代号			名称	常用文字代号		
	单字母	双字母	三字母		单字母	双字母	三字母
控制线路		WC		电力线路		WP	
直流线路		WD		广播线路		WS	
应急照明线路	W	WE	WEL	电视线路	W	WV	
电话线路		WF		插座线路		WX	
照明线路		WL					

照明灯具如图 5-3-5 所示。

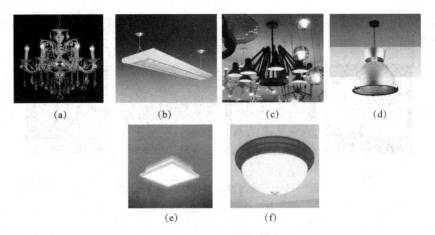

图 5-3-5　照明灯具

（a）花灯；（b）链式荧光灯；（c）装饰灯；（d）吊灯；（e）方形吸顶灯；（f）球形吸顶灯

5. 吊线式灯头的安装方法

（1）将电源留足维修长度后减去余线，并且剥出线头。

（2）将导线穿过灯头底座，用连接螺钉将底座固定在接线盒上。

（3）根据所需长度剪取一段灯线，一端接上灯头，灯头内需要系上保险扣。

（4）接线时需要区分相线和中性线。

（5）螺口灯座中心簧片是接相线的端头。

（6）将灯线另一头穿入底座盖碗，灯线在盖碗内应系好保险扣，并与底座上的电源线用压接帽接线。

（7）最后旋上扣碗即可。

6. 吸顶灯、壁灯的安装方法

（1）先根据灯具底座画好安装孔的位置，然后打好孔并装入栓塞。

（2）如果是吊顶的，则可以在吊顶板上背木龙骨或轻钢龙骨用自攻螺钉固定。

（3）将接线盒内电源线穿出灯具盒底座，并且用螺栓固定好底座。

（4）将灯内导线与电源线用压接线帽可靠连接。

（5）用接线卡或尼龙扎带固定导线以避开灯泡发热区。

（6）上好灯泡，安装好灯罩，以及禁锢好螺钉。

7. 线盒的清理

用钻子轻轻将盒内残留的水泥、灰块等杂物剔除，用毛刷扫除盒内杂物。检查有无接线盒损坏（特别是塑料接线盒）、面板螺钉安装耳孔缺失、相邻接线盒高差超标等现象，若有应及时调整。

8. 接线

将盒内导线预留出维修长度后剪除余线，用剥线钳剥出适宜长度，以刚好能完全插入接线孔的长度为宜。需要分支并头连接的，应采用安全型压接帽压接分支。

9. 开关、插座安装

按接线要求，将盒内导线与开关、插座的面板连接好后，将面板推入正对安装孔,用专用螺钉固定牢固,边固定边调整面板,使其端正并与墙面平齐,然后将螺钉孔装饰盖上。接线盒、插座、开关的安装如图 5-3-6 所示。

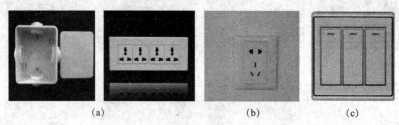

(a)   (b)   (c)

图 5-3-6 接线盒、插座、开关的安装

(a)接线盒;(b)插座;(c)开关

 做一做

识读照明平面图,找出每层的照明配电箱。

步骤四 阅读照明详图

 相关知识

一、照明知识

1. 等电位端子箱的概念

等电位即等电势。在一个带电线路中如果选定两个测试点,测得它们之间没有电压即没有电势差,则就认定这两个测试点是等电势的,用来进行等电势的设备叫作等电位端子箱,如图 5-3-7 所示。

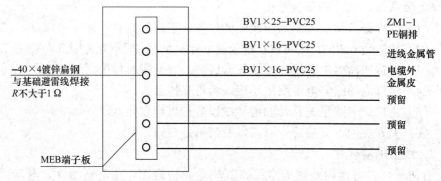

图 5-3-7 等电位端子箱

2. 大样图的作用

通过阅读大样图,能详细了解设备或元件的正确安装方法,对于指导安装施工和编制工程材料计划具有重要的指导作用。

二、电气施工图阅读

需要反复阅读才能掌握图纸的意图。首先,阅读一遍,了解工程的总体情况,然后再精读,仔细阅读每台设备和元件的安装位置和安装要求,所有管线的敷设要求,以及与土建、暖通等专业的协作关系等。对图纸中的关键部位和重要设备应反复阅读，力求精确无误。阅读施工图时，还应结合相关的规范、标准及全国通用电气装置标准图集，以详细指导安装施工。

配电系统的分类如图 5-3-8 所示。

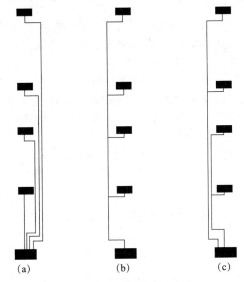

图 5-3-8　配电系统的分类

（a）放射式；（b）树干式；（c）混合式

1．放射式

（1）优点：

1）配电回路故障只影响单一负荷，可靠性较高。

2）控制方便。

3）负荷间的相互影响小，电能质量较高。

4）保护和自动化易于实现。

（2）缺点：

1）需要的回路数多，配电设备投资较大，占用空间大。

2）有色金属消耗较大。

2．树干式

树干式配电的特点正好与放射式相反，一般情况下，树干式采用的开关设备比较少，有色金属消耗也少，但干线发生故障时影响范围大，供电可靠性较低，树干式配电在机加工车间、高层建筑中使用较多。

3．混合式

树干式和放射式相结合的配电方式称为混合式配电。

我国电力系统中电源（含发电机和电力变压器）的中性点通常有中性点不接地、中性点经阻抗接地和中性点直接接地三种运行方式。按照 IEC（国际电工委员会）规定，低压配电系统接地制式一般由两个字母组成（必要时可加后续字母）：第一个字母表示电源中性点与地的关系。T 表示直接接地；I 表示非直接接地。第二个字母表示设备的外露可导电部分与地的关系。T 表示独立于电源接地点的直接接地；N 表示直接与电源系统接地点或与改点引出的导体相连接。后续字母表示中性线（N线）与保护线（PE线）之间的关系。C表示两线合并为PEN线；S表示两线分开。

什么是绿色照明？它的作用是什么？

绿色照明是指通过科学的照明设计，采用高效率、长寿命、安全和性能稳定的照明电器产品，最终建成环保、高效、舒适、安全、经济和有益于环境与提高人们的工作、学习及生活质量的照明系统。实施绿色照明工程就是通过采用合理的照明设计来提高能源的有效利用率，达到节约能源、减少照明费用、减少电工建设工程、减少有害物质的排放和溢出及保护人类生存环境的目的。

做一做

阅读照明详图，查阅等电位端子箱的作用、大样图的作用。

巩固与训练

一、知识巩固

知识脉络如图 5-3-9 所示。

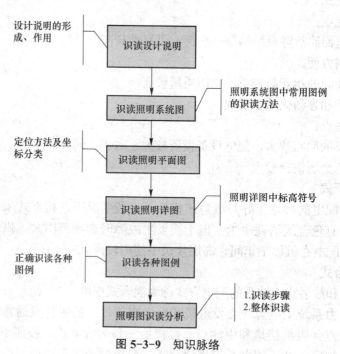

图 5-3-9　知识脉络

二、自学训练

根据任务 5.3 的工作步骤及方法，利用所学知识，自主完成某工程建筑施工图中照明平面图的绘制，并在小组内展示、交流，互相检查、评价、取长补短。

任务 5.4 安防系统认知与识图

 任务学习目标

通过本任务的学习,学生实现以下目标:
□ 掌握安防系统的设计说明;
□ 掌握安防系统的概念及组成;
□ 掌握楼宇对讲系统图;
□ 能正确识读安防平面图。

任务描述

一、任务内容

通过学习掌握楼宇对讲系统图和安防平面图的识读,掌握楼宇对讲系统的概念及组成。

二、实施条件

(1)建筑工程图纸中的楼宇对讲平面图。
(2)A4 纸若干。

程序与方法

步骤一 阅读设计说明

相关知识

一、施工设计说明

(1)本工程设有可视单元楼宇对讲系统,门口设有楼宇对讲主机,电源取自公共用电回路,室内设有对讲分机,底边距地 1.4 m。

(2)分机具有可接煤气泄漏报警和安防报警等功能。

(3)此系统线缆、设备选型及系统调试安装由专业商家完成。

(4)家庭信息箱为成品箱,由此箱引出的数据线和电话线路可共管敷设,电视线单独穿管。

(5)各弱电系统设备器件的选型由安装部门统一配套,并完成安装及调试。

由此设计说明可以清楚看出楼宇对讲系统的安装位置、功能。

二、楼宇对讲系统的概念

楼宇对讲系统是利用语音技术、视频技术、控制技术和计算机技术实现楼宇内外业主与访客间的语音、视频对讲及通话的系统，通过扩展可实现信息发布、家电控制、安防报警、录音和录像等功能。其主要应用于住宅，可以是大面积的住宅小区，也可以是单栋的楼宇住宅。

 做一做

小组识读讨论施工设计说明。

步骤二　阅读楼宇对讲系统图

通过看楼宇对讲系统（图5-4-1）可以知道用485的联网总线穿直径为32 mm的焊接钢管埋地敷设进单元主机，主机和电控锁与电源盒连接在一起，从主机上分出两个回路接东西户的户内分机，户内分机分别连接紧急求救按钮和可燃气体探测器。

楼宇对讲系统主要包括防盗安保系统、电视监控系统、楼宇对讲系统等。

 做一做

根据以上所学内容对楼宇对讲系统图的图示内容、图示方法进行分析总结，归纳、梳理识读步骤和识读内容，撰写识读报告。

步骤三　阅读安防平面图

 相关知识

楼宇对讲系统主要的配套器线为电锁、线材。线材包括接收天线和水晶头。

1．电锁

电锁受控于住户，平时锁闭，可以通过钥匙、密码或门内的开门按钮打开。常用的电锁，如图5-4-2所示。

（1）电控阴极门锁：安装在

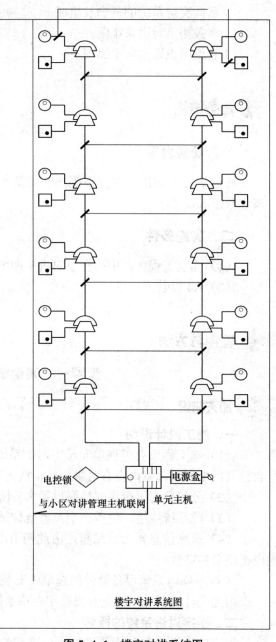

楼宇对讲系统图

图 5-4-1　楼宇对讲系统图

门框内，承担普通机械锁扣的角色，当电锁扣上锁时，锁舌扣在锁扣内，门关闭。当锁扣开锁时，锁舌可以自由出入锁扣，门打开。

（2）电控插锁：适用于办公室木门、玻璃门。这种锁控制简单，多用于要求不高的场所。

（3）磁力门锁：由电磁体（门锁主体结构）和衔铁两部分组成。通过电磁体部分的通电控制实现对门开启的控制。其中，电磁体部分安装在门框上，衔铁安装在门上。

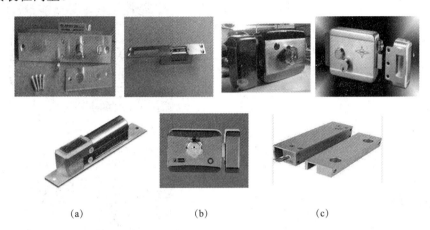

图 5-4-2　电锁

（a）电控阴极门锁；（b）电控插锁；（c）磁力门锁

2．线材

楼宇对讲系统一般常用线材为同轴电缆、双绞线等，如图 5-4-3 所示。

（1）同轴电缆：主要适用于传输数据、音频、视频等通信设备。通过同轴电缆传输视频信号，信号会衰减，信号频率越高，衰减越大。一般来说，SYV75-3 电缆可以传输 150 m、SYV75-5 可以传输 300 m、SYV75-7 可以传输 500 m。

（2）双绞线：利用双绞线传输视频信号是近几年才兴起的技术，所谓的双绞线一般是指超五类网线。该技术与传统的同轴电缆传输相比，其优势越来越明显，其布线方便、线缆利用率高、传输距离远（可以达到 1 500 m）。

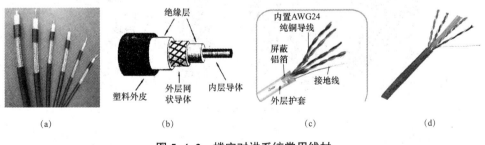

图 5-4-3　楼宇对讲系统常用线材

（a）不同线径电缆；（b）同轴电缆；（c）超五类四对；（d）屏蔽双绞线

3．接收天线

接收天线是为获得地面无线电视信号，调频广播信号，微波传输电视信号和卫星电视信号而设立的。天线性能的高低对系统传送的信号质量起着重要的作用，常选用方向性强，增益高的天线，并将其架设在易于接收、干扰少、反射波少的高处，见表5-4-1。

表 5-4-1　天线的类型、特点

天线的类型	特点	图片
VHF 引向天线	结构简单，质量轻，架设容易，方向性好，增益高	
抛物线天线	卫星电视广播地面站使用设备	

分配器分配的几路信号和分支器取出的部分干线信号通过传输电缆传输而组成传输分配网络。在分配网络中元件之间用馈线（同轴电缆）连接，它是信号传输的通路，可分为主干线（接在前端与传输分配网络）、干线（分配网络中的信号传输）、分支线（分配网络与用户终端连接），如图5-4-4所示。

图 5-4-4　传输分配网络

4．水晶头

水晶头是网络连接中重要的接口设备。它是一种能沿固定方向插入并自动防止脱落的塑料接头，用于网络通信，因其外观像水晶一样晶莹透亮而得名为"水晶头"。其主要用于连接网卡端口、集线器、交换机、电话等，如图5-4-5所示。

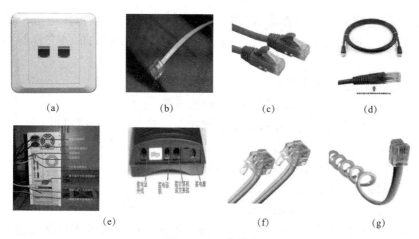

图 5-4-5　水晶头

（a）接线面板；（b）宽带水晶头；（c）宽带水晶头网线；
（d）电话水晶头；（e）宽带接线端；（f）电视水晶头

电话的水晶头有两种，一种是输入线，另一种是听筒线，如图 5-4-6 所示。这两种线的水晶头都有四个接线槽，区分它们的方法如下：

（1）输入线水晶头比听筒线水晶头大。

（2）输入线是直的，而听筒线是做成弹簧状的。

（3）输入线的接法可不分正负，将线插入中间两个槽，再用压片压紧、压实即可。

（4）听筒线中间两个槽是麦克连接端，两边的槽是受话器连接端。

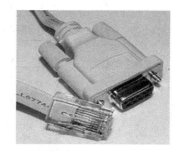

图 5-4-6　水晶头种类

弱电配电箱如图 5-4-7 所示。

（a）　　　　　　（b）　　　　　　（c）　　　　　　（d）

图 5-4-7　弱电配电箱

（a）电视接线箱；（b）电视接线画板；（c）单口电视接线面板；（d）双口电视接线面板

家居弱电配电箱又叫作多媒体信息箱，其主要功能是将住宅进户的电话线、电视线、宽带线集中在一起，统一分配，提供高效的信息交换与分配、布局。

电视插座的连接方法如下：

（1）拆下 FL 型接头和卡圈套入电缆头。

（2）将 FL 型接头套入电缆屏蔽层和外保护套之间，并顶到头。

（3）将卡圈套入 FL 型接头与电缆结合处，并用钳子扎紧。

（4）将 FL 型接头旋入插座外螺纹并拧紧。

电话通信系统是各类建筑物必须设置的系统。其为智能建筑内部各类办公人员提供"快捷便利"的通信服务。

电话通信系统主要包括用户交换设备、通信线路网络及用户终端设备三大部分。

巩固与训练

一、知识巩固

知识脉络如图 5-4-8 所示。

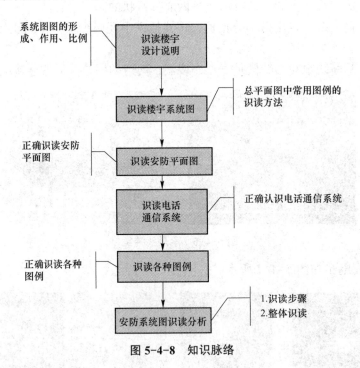

图 5-4-8　知识脉络

二、自学训练

根据任务 5.4 的工作步骤及方法，利用所学知识，自主完成某工程建筑施工图中弱电平面图的绘制，并在小组内展示、交流、互相检查、评价、取长补短。

选择一套实际建筑设备施工图，识读水、电、暖施工说明、平面图、系统图及详图。按照制图标准选择适当比例和图幅绘制底层、标准层、顶层水、电、暖平面图和系统图及详图。

项目五学习成果评价表

项目名称：水电暖图的识读　　　　　　　　　　　　　　　考核日期：

成果名称	水电暖图	内容要求	图纸识读正确	
考核项目	分值	自评	考核要点	
施工说明阅读	10		能够读取工程概况、设计范围和设计要求	
给水排水图的识读	20		正确读取图纸中相关信息	
电气图纸的识读	20		正确读取图纸中相关信息	
暖通图纸的识读	20		正确读取图纸中相关信息	
图样绘制正确	10		能够正确表达水电暖平面布局和系统连接	
布局合理，图纸整洁	10		布局是否合理，图面是否整洁	
线型分明，图纸美观	10		线型使用正确，线型分明、图纸美观	
小计	100			
考核人员	分值	评分		
（指导）教师评价	100		根据学生完成情况进行考核，建议教师主要通过肯定成绩引导学生，同时对于存在的问题要反馈给学生	
小组互评	100		主要从知识掌握、小组活动参与度等方面给予中肯评价	
总评	100		总评成绩＝自评成绩×30%＋指导教师评价×50%＋小组评价×20%	

参考文献

［1］孙伟．建筑构造与识图［M］．北京：北京大学出版社，2020．

［2］魏丽梅，任臻．钢筋平法识图与计算［M］．3 版．长沙：中南大学出版社，2017．

［3］王翠翠．建筑构造与识图［M］．南京：南京大学出版社，2014．

［4］傅华夏．建筑三维平法结构识图教程［M］．2 版．北京：北京大学出版社，2018．

［5］陈翼翔．建筑设备安装识图与施工［M］．2 版．北京：清华大学出版社，2018．